YE YONGLIE KEPU DIANCANG

叶永烈科普典藏

尹传红 主编

元素的故事

叶永烈◎著

长江出版传媒 | 湖北教育出版社

图书在版编目（CIP）数据

元素的故事 / 叶永烈著. -- 武汉 : 湖北教育出版社, 2023.4
（叶永烈科普典藏 / 尹传红主编）
ISBN 978-7-5564-4792-3

Ⅰ. ①元… Ⅱ. ①叶… Ⅲ. ①化学元素－青少年读物
Ⅳ. ①O611-49

中国国家版本馆CIP数据核字(2023)第060532号

元素的故事 YUANSU DE GUSHI

出品人	方 平		
责任编辑	方 倍	责任校对	李庆华
封面设计	牛 红	责任督印	刘牧原

出版发行	长江出版传媒	430070 武汉市雄楚大道268号
	湖北教育出版社	430070 武汉市雄楚大道268号
经 销	新华书店	
网 址	http://www.hbedup.com	
印 刷	武汉中远印务有限公司	
地 址	武汉市黄陂区横店街货场路粮库院内	
开 本	710mm×1000mm 1/16	
印 张	11	
字 数	150千字	
版 次	2023年4月第1版	
印 次	2023年4月第1次印刷	
书 号	ISBN 978-7-5564-4792-3	
定 价	30.00元	

（图书如出现印装质量问题，请联系027-83637493进行调换）

总　序

在中国的科普、科幻界，叶永烈先生（1940—2020）曾经是一个风格独特、广受瞩目的“主力队员”；在当今的纪实文学领域，他又是一位成就卓著、声名显赫的重量级作家。他才华横溢、兴趣广泛、勤奋高产，一生创作出版了 300 余部作品，累计 3500 多万字。

在科普创作方面，叶永烈有着特别引人瞩目的一个身份和成就：他是新中国几代青少年的科学启蒙读物、中国原创科普图书的著名品牌《十万个为什么》第一版最年轻且写得最多的作者，还是从第一版写到第六版《十万个为什么》的唯一作者。

我们这一两代人几乎都存有一段温馨的记忆：在 20 世纪 70 年代末 80 年代初，改革开放伊始，当“科学的春天”到来之时，“叶永烈”这个名字伴随着他创作的诸多题材不同、脍炙人口的科普文章频频出现在全国报刊上，一本接一本的科普图书纷纷亮相于新华书店，而越来越为人们所熟知。他成了中国科普界继高士其之后的一颗耀眼的明星。差不多与此同时，叶永烈的科幻处女作《小灵通漫游未来》一面世即风行全国，成了超级畅销书，各种版本的总印数达到了

300 万册之巨，创造了中国科幻小说的一个纪录。

叶永烈给我本人留下的最深切的记忆是 1979 年春，那年我 11 岁，第一次读到《小灵通漫游未来》，心潮澎湃，对未来充满期待。那一时期，每个月当中的某几天，在父亲下班回到家时，我总要急切地问一句："《少年科学》来了没有?"盼着的就是能够尽早一睹杂志上连载的叶永烈科幻小说。

那时我还常常从许多报刊上读到叶永烈脍炙人口的科学小品，从中汲取了大量的科学营养。随后，我又爱上了自美国引进的阿西莫夫著作。品读他们撰写的优秀科普、科幻作品，我真切感受到了读书、求知的快慰，思考、钻研问题的乐趣，同时也爱上了科学，爱上了写作。那段心有所寄、热切期盼读到他们作品的美好时光，令我终生难忘。

作为科普大家的叶永烈，自 11 岁起在报纸上发表小诗，在大学时代就开始了科普创作，其科普创作生涯一直延续到中年，即从 20 世纪 50 年代末至 80 年代初。

几十年间，叶永烈创作的为数众多的科学小品、科学杂文、科学童话、科学相声、科学诗、科学寓言等，几乎涉足了科普创作所有的品种，并且成就斐然。他的作品，曾经入选各种版本语文教材的，就达 30 多篇。

值得一提的是，叶永烈首先提出并创立了科学杂文、科学童话、科学寓言三种科学文艺体裁，并在 1979 年出版了中国第一部较有系统的、讲述科学文艺创作理论的书——《论科学文艺》；在 1980 年出版了中国第一本科学杂文集《为科学而献身》；在 1982 年出版了中国

第一本科学童话集《蹦蹦跳先生》；在1983年出版了中国第一本科学寓言集《侦探与小偷》。他提出的这三种科学文艺体裁在科普界很快就有了响应，尤其是科学寓言，已经成为寓言创作中得到公认的新品种。

在科普创作方面，叶永烈受苏联著名科普作家伊林的影响很深。伊林有句名言："没有枯燥的科学，只有乏味的叙述。"叶永烈也打过一个形象的比方：科普作家的作用就是一个变电站，把从发电厂发出来的高压电，转化成千千万万家庭都能用上的220伏的低压电。他认为学习自然科学是对人的逻辑思维的严格训练，而文学讲究形象思维；文、理是相辅相成并且渐进融合的，现代人都应该对文、理有所了解。

叶永烈与伊林一样，都惯于用形象化的故事来阐明艰涩的理论，能够简单明白地讲述复杂现象和深奥事物。在他们的笔下，文学与科学相融，是那般美妙。阅读他们的作品，犹如春风拂面，倍觉清爽；又好像有汩汩甘露，于不知不觉中流入了心田。他们打破了文艺书和通俗科学中间的明显界限，因此他们写成的东西，都是有文学价值的通俗科学书。

叶永烈曾经这样评述自己的创作人生："我不属于那种因一部作品一炮而红的作家，这样的作家如同一堆干草，火势很猛，四座皆惊，但是很快就熄灭了。我属于'煤球炉'式的作家，点火之后火力慢慢上来，持续很长很长的时间。我从11岁点起文学之火，一直持续燃烧到60年后的今天。"

叶永烈把作品看成凝固了的时间、凝固了的生命。他说他的一生

“将凝固在那密密麻麻的方块汉字长蛇阵之中”，又道：“生命不止，创作不已。”2015 年 10 月，正当叶永烈全身心投入 1400 多万字的《叶永烈科普全集》的校对工作时，他偷闲饱含深情地写下了一段感言，通过电子邮件发送给我。在我看来，这恰是他对自己辉煌创作生涯的一个非常精彩的总结：

韶光易逝，青春不再。有人选择了在战火纷飞中冲锋陷阵，有人选择了在商海波涛中叱咤风云，有人选择了在官场台阶上拾级而上，有人选择了在银幕荧屏上绽放光芒。平平淡淡总是真，我选择了在书房默默耕耘。我近乎孤独地终日坐在冷板凳上，把人生的思考，铸成一篇篇文章。没有豪言壮语，未曾惊世骇俗，真水无香，而文章千古长在。

今天，我们推出“叶永烈科普典藏”系列，一方面是表达对这位杰出的科普大家的追思、缅怀和致敬，一方面也意在为科普创作留存一些有益的借鉴；同时也期望借此为广大读者朋友，尤其是青少年学生的科学阅读，提供一份丰盛而有益的精神食粮。

是为序。

尹传红

（中国科普作家协会副理事长，《科普时报》原总编辑）

目录

CONTENTS

什么是化学元素

世界上房子的形状、式样、颜色各式各样，有圆的、方的、尖的，有平房、楼房、茅草房、板屋、窑洞，有白的、灰的、红的、黄的……但是，世界上并没有成千上万种建筑材料。各式各样的房子，无非都是由木头、砖头、石灰、水泥、黄沙、玻璃、钢材、塑料等若干建筑材料建成的。

同样的，尽管我们周围有成千上万种物质，但是，从本质上讲，它们都只不过是由 90 种化学元素①构成的。如氧、氢、金、银、铜、铁等，都是化学元素，简称元素。

正如 7 个音符可以谱写成无数乐曲，红、黄、蓝三色可以组成各种颜色，118 种化学元素也可以形成千千万万种化合物。这些化合物，有的是由 2 种化学元素组成的，例如水就是由氧和氢 2 种元素组成的，食盐则是由氯和钠 2 种元素组成的。有的化合物是由 3 种化学元素组成的，例如硫酸是由氧、硫、氢 3 种元素组成的，葡萄糖是由氧、碳、氢 3 种元素组成的。也有的化合物是由 4 种化学元素组成的，例如小苏打（碳酸氢钠）便是由碳、氢、氧、钠 4 种元素组成的。还有的化合物更加复杂，是由五六种甚至更多的化学元素组成的。至于单由一种化学元素组成的物质，就不叫化合物了，而叫作单质。例如，纯净的金刚石（碳）、氢气、氧气、金、银等，都是单质。

自然界中纯净的单质和化合物是不多的，绝大部分都是由各种化合物

① 现在已经发现的化学元素共 118 种，其中天然元素只有 92 种，由于锝和钷两种元素没有稳定同位素，因此在自然界实际上只有 90 种化学元素。据报道，曾在非洲刚果铀矿中发现过痕迹量的、天然的第 93 种元素镎，但现在人们一般仍只提天然元素为 90 种。本书所有注释均为作者注，以下不再说明。

混合组成“大杂拌”。例如，海水的主要成分是水，占96%左右，却含有3%左右的食盐（氯化钠）以及少量的氯化镁、硫酸镁、硫酸钾、碳酸氢钙、溴化镁，还有微量的铁、金、铝、碘、硅、锌的化合物等。据分析，海水中就包含有80多种元素。其他像植物体、动物体、空气、泥土等，也都是“杂货铺”。就拿人体来说，65%是氧，18.2%是碳，10%是氢，2.7%是氮，1.4%是钙，此外还含有少量的磷、钾、钠、氯、硫、镁、铁以及微量的锌、硅、溴、铜、氟、碘、铝、锰、砷、铅、硼、钛等化学元素。

尽管如此，世界上任何物质，哪怕化学成分非常复杂，都是由118种化学元素组成的。若是天然的物质，则都是由90种化学元素所组成。

我们再深入一步，从现代化学理论的基础——原子—分子论的观点，来剖析化学元素的实质。

先从分子谈起。高楼大厦，是由一块块砖头砌成的。分子，就是构成物质的最小的“砖头”。物质是可分的。打开一瓶香水，整个房间便香气氤氲，这便是香水挥发了无数个香料的分子，扩散到空气中去，使得房间的每个角落都馨香扑鼻，沁人心脾。同样，在水中放一块糖，整杯水都甜了，也是因为糖块——糖的“大厦”在水中被拆散了，变成一块块“砖头”——糖的分子，遍布于水的各个部分。

分子又轻又小，一滴水里的分子个数，当然就非常惊人了。有一个有趣的估算，如果一个人每秒钟数一个水分子，一秒钟也不停地数下去，数一千年，也只不过才数了一滴水里全部分子的二十亿分之一！

一切纯净的单质和化合物，都是由同样的分子组成的。就拿食盐来说，不论是海盐、井盐，也不论是岩盐或湖盐，只要是纯净的食盐，都是由同样的氯化钠分子组成的。因此，现在世界上有300多万种化合物，从原子—分子论的观点来看，世界上无非只是存在着300多万种分子而已。

分子是能够独立存在的物质的最小微粒，它保持原物质的成分和一切化学性质。

分子，是不是最小的微粒了呢？不，人们发现，分子是由更小的微粒——原子组成的。组成 1 个分子的原子数目并不一样。拿铁分子、金分子、银分子、氦气分子来说，都只是由 1 个原子组成的，也就是说，1 个铁分子就是 1 个铁原子。也有的分子是由 2 个原子组成的，如 1 个食盐分子是由 1 个氯原子和 1 个钠原子组成的。有的分子是由 3 个原子组成的，如 1 个水分子是由 1 个氧原子和 2 个氢原子组成的。有的分子是由 4 个原子组成的，如 1 个三氧化硫分子，是由 1 个硫原子和 3 个氧原子组成的。还有的分子是由 5 个、6 个甚至几十个原子组成的，如 1 个硫酸分子便是由 7 个原子组成的。最大的分子，要算蛋白质、淀粉、塑料、纤维、橡胶这些高分子的化合物，它们是分子中的巨人，1 个高分子化合物常常是由成千上万个原子组成的。

1个水分子由1个氧原子和两个氢原子组成

由于不同分子中所含的原子数目多少不一，因此，不同的分子的大小相差悬殊。然而，不同的原子虽然大小不尽相同，但是相差不大，如果分子中只含有一个原子，则分子和原子的大小是一样的。

分子是由原子组成的。一种化学元素只有一种原子①。各种原子，组成各种不同的分子。

事情就是这样：118 种不同的原子，组成 300 多万种不同的分子；这 300 多万种分子，又组成成千上万种不同的物质。

那么，化学元素的实质是什么呢？从原子—分子论的观点来看：具有相同核电荷数的同类原子的总称，就叫作化学元素。118 种不同的化学元素，实质上就是 118 类不同的原子。我们还可以再继续深入一步揭示化学元素的最小微粒，原子仍是可分的。原子是由原子核和不断绕核旋转的电子组成的。原子核又是由质子和中子组合而成的。质子带正电荷，电子带负电荷。人们通过科学实验发现，同一化学元素原子的原子核中，所含的质子数是一样的。例如，凡是氧原子，它的原子核中都含有 8 个质子。但是，同一元素的原子核中的中子数却可能不同。如自然界中的氧原子的原子核，其中绝大部分（约占 99.76%）是由 8 个质子和 8 个中子组成的，但也有少量是由 8 个质子和 10 个中子（约占 0.2%）或者由 8 个质子和 9 个中子（约占 0.04%）组成的。这些质子数相同、中子数不同的原子，互称为同位素。自然界中许多元素都有同位素。

既然同一化学元素的不同原子的原子量可以不同，这就是说，决定原子性质的主要因素不是原子量，而是质子数，亦即核电荷数。一种化学元素的化学性质，主要就是取决于原子核外的电子数（这电子数等于原子核内的质子数）。这样，人们进一步了解了化学元素的本质，若以核电荷数为标准而对原子进行分类，那化学元素就是核电荷数相同的一类原子的总称。

现在，人们对 118 种化学元素的看法，无非就是原子核中的质子数（亦即核外电子数）从 1、2、3……一直逐渐增加到 118，而形成的 118 类原子

① 此处只是广义地讲，即同一元素的各种同位素的原子都算作一种原子。

罢了。例如，氢原子核中含有 1 个质子（亦即核外有 1 个电子），氦原子核中含有 2 个质子（亦即核外有 2 个电子），锂原子核中含有 3 个质子（亦即核外有 3 个电子）……第 105 号元素 Ha 原子核中含有 105 个质子（亦即核外有 105 个电子）。这就是说，化学元素的不同，原子的不同，归根结底，在于它们原子核中所含质子的数目不同，亦即它们原子核外电子数的不同。

这种现代的化学元素概念，不仅能正确解释过去所无法解释的同位素现象，而且发现和正确解释了异位素现象。所谓异位素，就是指质量相同而性质不同的原子。例如：S_{16}^{36} 与 Ar_{18}^{36}，S 为硫的化学符号，Ar 为氩的化学符号，右上角数字表示原子量，右下角数字表示质子数。虽然原子量都是 36，但由于它们的质子数不同，分属于不同元素——硫和氩。同样的，Cu_{29}^{65} 与 Zn_{30}^{65}，Cu 为铜的化学符号，Zn 为锌的化学符号。虽然原子量都是 65，但是由于它们的质子数不同，也分属于不同的元素——铜和锌。异位素的发现，正说明以核电荷数（质子数）作为划分化学元素的标准符合客观规律，是抓住了事物的本质。

再重复讲一下，化学元素的现代概念，即原子核中的质子数（核电荷数）相同的一类原子叫作一种化学元素。

化学元素的发现

人们对化学元素概念的认识，随着生产的发展而不断深入。人们对各种化学元素的认识，也是随着生产的发展而不断深入的。

早在古代，人们学会钻木取火，便认识了碳——木头烧成乌黑的木炭，这木炭就是碳。人们学会了取火，学会了制造木炭，这就为冶炼一些容易被还原的金属提供了技术条件。把绿色的孔雀石（铜矿）和木炭一起煅烧，铜便被木炭从孔雀石中还原出来，变成火红的铜水流了出来。

同样道理，锡、铅、汞、镍、锌等较易被还原的金属，也都相继被人们在生产实践中发现了。另外，有些元素在自然界中有纯净的单质，也很快被人们发现了，如天然的金、银和硫。

这些化学元素是古代劳动人民在生产实践中发现的，而发现这些化学元素又进一步推动了生产的发展。其中最重要的要算铜了，因为铜可以用来制造各种生产工具。我国考古工作者曾在河南安阳的小屯村，发掘到许多孔雀石、木炭、碎铜块以及铜制的矛、刀、斧、钟、鼎等。安阳一带并不产孔雀石。据考证：安阳是我国古代的“铜都”。那些孔雀石是从外地运来炼铜用的，而木炭、碎铜块，则正是古代炼铜的遗迹。至于矛、刀、斧之类铜器，则说明我国古代应用铜制造武器和生产工具。据考证，我国劳动人民早在公元前2700年便懂得怎样炼铜了。后来，人们又发现，如果把铜矿和锡矿放在一起冶炼，炼出来的合金容易浇铸，机械性能也很好，便普遍用这种办法冶炼。现在发掘出来的古代炼制铜器一般都含有锡，含锡的铜是青铜。由于那时广泛用青铜制造各种生产工具，所以在历史上称为“青铜时代”。

后来，人们又发现了铁。铁比铜难还原，炼铁所需的温度比铜高。因此，只有在炼铜技术发展到一定程度时，人们才可能学会炼铁。先发明炼铜，而后发明炼铁，这充分说明“科学的发生和发展一开始就是由生产决定的”。铁矿比铜矿普遍，铁的机械性能在很多方面优于铜，因此，铁很快就取代了铜，大量地被用来制造各种生产工具。于是，继“青铜时代”之后，便出现了“铁器时代”。我国是世界上最早发明冶炼铸铁的国家。铁制工具的出现，大大促进了生产，特别是农业生产的发展。公元1世纪后，铁便成了我国使用最普遍的金属。到了公元997年，即宋太宗时，我国铁年生产量竟达1.5万吨。这在1000多年前，是非常了不起的事情，我国是当时世界上铁的年产量最高的国家！

另外，我国发现和使用锌和镍，也都早于世界其他国家。我国南北朝时就会炼制黄铜——铜锌合金。唐朝的文献中，有用“炉甘石”（即锌矿，化学成分为碳酸锌）制黄铜的记载。明朝的文献中，则更有炼“倭铅”（即金属锌）的记载。我国发掘出土的西汉时期（公元前1世纪）的白铜（即铜镍合金）器中，经化学分析，证明含镍。《广雅》一书（公元3世纪成书）中，也记载着“鋈”。“鋈”就是白铜，亦即铜镍合金。

我国唐代炼丹家马和对空气的成分做了详细的研究，并发现了氧气。

至于铝，南京博物院的考古工作者们于1953年发掘江苏宜兴周墓墩的周处墓时，曾发现尸骨腰部有铝质的金属片，从而说明我国古代已会制铝。但据后来的考证[①]，对这一提法表示否定。这一问题，尚有待进一步探讨。我们将在“地球上最多的金属——铝”一节中，详细地谈这一问题。

在封建社会时期，由于封建统治阶级提倡和重视金丹术，沉醉于追求点金石与长生之丹，结果在漫长的1000多年中，只在炼金、炼丹的偶然机会中，发现了砷、磷、铋三元素。那时，化学正处于“中世纪的黑夜”之中。

到了18世纪，随着资本主义的兴起，生产迅速向前发展，特别是冶金、染料、制药、酸碱等化学工业的迅速发展，为大量发现新元素提供了技术条件。正如恩格斯所指出的：“如果说，在中世纪的黑夜之后，科学以意想不到的力量一下子重新兴起，并且以神奇的速度发展起来，那么，我们要再次把这个奇迹归功于生产。”[②]

在18世纪，人们接连发现了氢、氮、钛、铬、钼、碲、钨、铀、锰、氯、钴等元素。

到了1800年，人们共发现了28种化学元素。

在19世纪，随着工业革命的迅速发展，发现的化学元素就更多了。那时的报纸、杂志上，接二连三地发表关于发现新元素的消息。仅在19世纪的前50年中，就发现了27种化学元素。其中，特别是在1800—1812年，人们就发现了19种新元素，发现的速度达到了最高峰。[③]

在19世纪初，人们发明了电解的方法，用这一新技术发现了一系列过去没法还原的较活泼的金属——钠、钾、镁、锶、钡，并用钠、钾等活泼

---

① 夏鼐：《晋周处墓出土的金属带饰的重新鉴定》，《考古》，1972年第4期，34页。

② 《马克思恩格斯选集》，第三卷，人民出版社，1972年，523页。

③ 这里所讲的化学元素的数目，由于各国对化学元素发现者的提法不一，数字也互有出入。

金属去还原非金属化合物，发现了新的非金属元素——硼和硅。

随着化学分析技术的提高，特别是光谱分析的发明，人们又继续发现了镉、镧、铟、铽、铒、镱、铊、镝、硒、钌等元素，其中大部分是地球上比较稀少的元素。到了1871年，人们共发现63种化学元素，其中金属48种，非金属15种。这些新元素中，有的是直接在生产实践中发现的。例如，当时巴黎郊区的一家硝石工厂，在制造硝石时，铜槽常常很快就被腐蚀掉。为了解决这个生产问题，人们着手寻找腐蚀铜槽的原因。结果发现，碱液中含有一种腐蚀铜槽的物质。经过提纯，这种物质是紫黑色的晶体。人们再仔细进行研究，发现这晶体原来是一种未知元素——碘。也有许多元素，是人们在科学实验中发现的。例如，铯、铷、铊、铟、氦等新元素，就是在研究光谱技术时发现的。铯的拉丁文原意是“天蓝”，就是因为它的光谱谱线是天蓝色而命名的；铷的谱线是暗红色的，铷的拉丁文原意是“暗红”；铊和铟的谱线分别为翠绿和蓝紫色，铊的拉丁文原意是“绿色”，而铟则是“蓝靛”的意思。至于氦，因为是人们在研究太阳光谱时发现的，所以它的拉丁文原意是“太阳”。

在19世纪末（1891—1895），人们在对空气的研究中，接连发现了6种新的稀有气体——氦①、氖、氩、氪、氙、氡。这6种气体的化学性质都很不活泼，叫作惰性气体。氩的希腊文原意是“不活泼”，即惰性气体；氪的希腊文原意是“隐藏的”，即隐藏于空气中好多年才被发现；氙的希腊文原意是“生疏的”，即为人们所生疏的气体；氡的希腊文原意是“射气”，因为它是放射性元素镭蜕变而产生的一种放射性气体。这样，再加上人们在这一时期发现的几种新元素，总共发现了79种化学元素。

到了20世纪，随着生产的发展，人们又发现了几种较难于被发现的新元素，这些元素在地球上都很稀少。在1917年，人们发现了镤；1925年发

① 人们先是在太阳光谱中发现氦的谱线，只是表明太阳上有氦，而后在空气的研究中制得了氦，证明氦在地球上也存在。

现了铼；1944 年发现了钷。这样，到了 1944 年，人们便发现了存在于地球上所有的天然元素，连没有稳定同位素的锝、钷两种元素也被发现了，总共 92 种。

化学元素只有这 92 种吗？不。随着原子能工业的发展，人们又用“原子大炮”——加速器，射出中子或质子，制造人造元素。

1940 年，人们用慢中子轰击铀，制得了 93 号元素——镎。1941 年，又用氘原子轰击铀，得到镎 238，而镎 238 不稳定，进行 β 衰变，得到了第 94 号元素——钚。1945 年，用具有 4000 万电子伏能量的高速 α 质子轰击铀 238，制得第 95 号元素——镅。接着，在 1950 年后的几年内，制得了 96 号元素——锔，第 97 号元素——锫，第 100 号元素——镄，第 101 号元素——钔。1958 年，制得第 102 号元素——锘。1961 年，制得第 103 号元素——铹。后来人们又制得了第 104 号元素——𬬻（Rf）和第 105 号元素——𬭊（Db）。

第 105 号元素，是不是最后的元素了呢？2016 年 6 月 8 日，国际纯粹与应用化学联合会宣布，由俄罗斯、美国和日本科学家在最近几年制成的 4 种人造化学元素，获得承认，进入元素周期表，即第 113 号（Nh）、115 号（Mc）、117 号（Ts）和 118 号（Og），中文名称分别为鉨、镆、石田、气奥。科学家们还在继续制造人造化学元素。随着生产的发展，科学技术水平的提高，化学元素家族的成员在不断增多！

化学元素的分类、名称与符号

化学元素大家庭中的成员，通常分为两大类——金属与非金属。其中，24 种元素是非金属，其余是金属。

金属和非金属，究竟有些什么不同呢?

一般来说，有这样四个方面的区别：

第一，金属大都具有特殊的金属光泽，金属表面能强烈地反射光线，而非金属则不具有金属光泽。金属大部分都呈银白色，如铁、银、铂、钯等，不过，通常只有在块状时才是银白色的；如果呈粉末状，颜色则为黑色或灰色。例外的是铝和镁，尽管变成粉末，也还是银白色的。非金属的颜色各式各样，如碘是紫黑色的，溴是暗红色的，氯是黄绿色的，氧则是无色的。

第二，除了汞在常温下是液体以外，其他一切金属都是固体，而且都比较重，然而，非金属有很多在常温下是气体或液体。很多金属的熔点在 1000℃以上，如铁为 1535℃，锰为 1244℃，锇为 3054℃，钨为 3410℃，铂为 1773℃。金属的相对密度大都在 5 以上，如铬为 7.2，铜为 8.92，金为 19.3，铂为 21.4——要知道，水的相对密度仅为 1！在 24 种非金属中，在常温下则有 12 种是气态——占全数的一半！其余 12 种非金属，液态的有 1 种，固态的有 11 种。即使是固态非金属，熔点一般也在 1000℃以下。

第三，金属大都善于导电传热，非金属则往往不善于导电传热。气体的非金属，导电性和导热性都很差。固体的非金属，常是半导体。

第四，大部分金属都可以打成薄片或者抽成细丝，如锡箔、铜丝等，而固体非金属通常很脆。

当然，上面所讲的只是“一般来说”罢了，金属和非金属之间，并没有截然的界限，而是存在着“过渡地带”。实际上，有不少非金属很像金属，又有些金属却具有非金属的性质。例如，石墨的化学成分是碳，不是金属，但它和金属一样，具有灰色的金属光泽，善于传热导电。而锑呢，它虽然是金属，却非常脆，又不易传热导电，具有非金属的某些性质。

化学元素的中文名称的造字、读音也都有着一定的规律。懂得了这些规律，就很容易认识化学元素的名字。

在中文中，化学元素的名称，都是一个字来表达。在这些字中，除了金、银、铜、铁、锡、铬①、碳、硫等，是采用我国古代原有的字外，绝大部分都是最近这些年来，我国化学工作者新创的字，如铂、镥、氪、氯之类的字，在古籍中是见不到的。最初，清末时人们开始创造某些新字时，也曾走过一段弯路。例如，有的用双音节的名称，把氧称为“养气”，氮为“淡气”，氢为“轻气”，这样，用起来太啰唆；也有的是用一个字来表达，但笔画太多了，如锰写作“鑭”，钙写作“鏾”，镁写作“鏅”。这些字都被淘汰了。当然，清末时创制的化学新字中，有的比较好，仍沿用下来。19世纪末，徐寿在翻译《化学鉴原》时根据英文第一音节所创造的字，如钾、镍、钴、锌等，便一直沿用到现在。

现在通用的化学元素中文名称中，凡是金属，都采用“钅”旁，如钠、镁、钙、镍、钨等；例外的一个是金属汞，因为它在常温下是液态（“水”代表液态）。过去也有人写过“銾”，现这字被淘汰了。凡是非金属，常温下为固态的一律采用“石”旁，如碘、砹、碲、碳、硫、硅等；液态的，采用“氵”旁，如溴；气态的，采用“气”旁，如氧、氟、氯等。

化学元素的读音，一般可以这样读，例如，“镥”念作“鲁”，“钡”念作“贝”，“氟”念作“弗”，“氪”念作“克”，“砹”念作“艾”等。自然，

① 铬系古字，如《抱朴子》中说：“武则钩铬摧于指掌。”但古时铬并不是指元素铬，而是剃发的意思。

这也只是“一般来说”，有不少例外的，如：

溴念作“嗅”，铪念作“哈”，钠念作“纳”，锇念作“鹅”，钯念作“把”，锰念作“猛”，铂念作“伯”，钋念作“泼”，钷念作“颇”，锑念作“涕”，钽念作“坦”，氧念作“养”，氮念作“淡”，锫念作“陪”，钆念作“轧”，镝念作“滴”，钐念作“杉”，锝念作“得”，硫念作“流”，磷念作“邻”。

有几个化学元素的名称，常被读错。一是铬，应读作“各”，但现在常误读作“洛”；二是铊，应读作“它”，但现在常误读作“陀”；三是氯，应读作“绿”，现常误读为“碌”。

至于化学元素的外文名称，在命名时，往往都是具有一定含义的，或者是为了纪念发现的地点，或者是为了纪念某位科学家，或者是表示这一元素的某一特性。例如，铕的原意是“欧洲”，因为它是在欧洲发现的。镅的原意是“美洲”，因为它是在美洲发现的。同此，锗的原意是“德国”，“钪”的原意是“斯堪的纳维亚”，镥的原意是“巴黎”，镓的原意是“家里亚”，“家里亚”即法国的古称。至于钋的原意是“波兰”，虽然它并不是在波兰发现的，而是在法国发现的，但发现者玛丽·斯可罗多夫斯卡（即居里夫人）是波兰人，她取名“钋”是为了纪念她的祖国。

为了纪念某位科学家的化学元素名称也很多，上面谈到的锿、镄、铹就是如此，另外，如钔是为了纪念化学元素周期律发现者门捷列夫，锔是为了纪念居里夫妇，锘是为了纪念瑞典科学家诺贝尔等。

有些元素是根据某一特性来命名的，如铯（“天蓝”）、铷（“暗红”）、铊（拉丁文原意为“刚发出芽的嫩枝”，亦即“绿色”）、铟（“蓝靛”）、氩（“不活泼”）、氡（“射气”）等，此外，如氮（“无生命”）、碘（“紫色”）、镭（“射线”）等，也是根据元素某一特性而命名的。每种化学元素除了用它的名称表示外，在化学上，还常用化学符号来表示。

在古代，全世界是没有统一的化学符号的。那时候，不仅各国，而且每个人所用的化学元素符号，几乎都不一样。

到了19世纪，道尔顿用各式各样的圆圈来代表各化学元素。这些符号比炼金家们的符号要清楚一些，但是，写起来还是很麻烦，而且很难记。

为了统一化学元素的符号，使各国科学工作者之间有共同的、统一的化学语言，便于进行技术交流，1860年，世界各国化学工作者在德国的卡尔斯鲁厄召开了代表大会，一起制定并通过了世界统一的化学元素符号。这些符号，一直沿用到今天。

卡尔斯鲁厄会议决议规定，一切化学元素的符号，均采用该元素的拉丁文开头字母表示。例如：

氧的拉丁文为 Oxygenium，化学符号为 O；
氢的拉丁文为 Hydrogenium，化学符号为 H；
氮的拉丁文为 Nitrogenium，化学符号为 N；
碳的拉丁文为 Carbonium，化学符号为 C；
硫的拉丁文为 Sulphur，化学符号为 S。

但是，也有的化学元素的拉丁文开头字母是相同的，那怎么办呢？例如，钛和钽的拉丁文开头字母均为 T：

钛 Titanium
钽 Tantalum

卡尔斯鲁厄会议决议规定，那就在开头字母旁边，另写一个小写字母，这个小写字母应该是该元素拉丁文名称的第二个字母，以资区别。如钛写作 Ti，而钽写作 Ta。

也有的元素的拉丁文名称的第一、第二个字母均相同，如砷、银、氩拉丁文名称的第一、第二个字母均为“Ar”：

砷 Arsenium

银 Argentum

氩 Argonium

这又该怎么办呢？卡尔斯鲁厄会议决议规定，砷、银等元素用拉丁文名称第三个字母作小写字母。例如，砷写作 As，银写作 Ag，而氩则写作 Ar。

在这里，唯一的例外是碘。碘的化学符号，世界各国都写作“I”，只有俄罗斯把碘的符号写作“J”。

有了统一的化学元素符号，就可以用统一的化合物的分子式来表示各种化合物。例如，食盐是氯化钠，它的 1 个分子是由 1 个钠原子和 1 个氯原子组成的，钠的化学符号为 Na，氯的化学符号为 Cl，那么，氯化钠的分子式就写成 NaCl。水的分子是由 2 个氢原子和 1 个氧原子组成的，氢的化学符号为 H，氧的化学符号为 O，那么水的分子式就是 H_2O。这样，只要你一写 NaCl 或 H_2O，不论是哪一个国家，不经翻译，都可看得懂是代表什么化合物。

有了统一的分子式，就可以用统一的化学方程式来表示各种化学反应。例如，碳与氧气化合，生成二氧化碳，可以用如下的化学方程式来表示：

$$C+O_2 = CO_2$$

这里，C 代表碳，O_2 代表氧气，CO_2 代表二氧化碳。

这些化学方程式，也是世界各国统一的。不经翻译，各国都能看得懂。

自从化学元素有了统一的名称和符号以来，给各国、各地区、各部门之间的化学技术交流以极大的方便，从而更促进了化学的发展。

化学元素周期律

自然界是统一的整体。组成自然界的118种化学元素相互之间存在着密切的联系。

1869年，当时人们已发现了63种化学元素，为找寻化学元素间的规律提供了条件。俄罗斯化学家门捷列夫在总结前人经验的基础上，发现了著名的化学元素周期律①。

门捷列夫把各种化学元素按照原子量的大小，由小到大，排成一长列②：

元素	氢	氦	锂	铍	硼	碳
原子量	1.0079	4.002602	6.941	9.012182	10.811	12.0107
元素	氮	氧	氟	氖	钠	镁
原子量	14.0067	15.9994	18.9984032	20.1797	22.989770	24.3050
元素	铝	硅	磷	硫	氯	氩
原子量	26.981538	28.0855	30.973761	32.065	35.453	39.948

这时，他发现在某个元素之后，每隔几个元素（7个），便有一个元素的性质与这个元素十分相似。例如，氦与氖、氩的性质很相似，都是惰性气体；锂又与钠、钾相似，都是1价的碱金属；铍与镁、钙相似，都是2价的碱土金属；硼与铝、镓相似，都是3价的，而且它们的金属性与非金属性

① 化学元素周期律的内容较多，本书只简略地介绍一下。其中提到的原子量，是指元素的同位素原子质量的平均数。

② 为了叙述的方便，这里姑且把当时还未发现的元素也写进去，原子量是采用现在的数据。

都不很强烈；碳与硅、锗相似，都是 4 价的，具有较弱的非金属性……

门捷列夫总结了这一规律："单质的性质，以及各元素的化合物的形态和性质，与元素的原子量的数值成周期性的关系。"这便是化学元素的周期律。门捷列夫把化学元素按照原子量由小到大的次序，排成一张表，这张表便是化学元素周期表。

在化学元素周期表上，把 118 种元素分成九族①。例如，锂、钠、钾、铷、铯、钫、铜、银、金等元素被划为第Ⅰ族②；氦、氖、氩、氪、氙、氡、氭等元素，被划为第 0 族。

同一族的化学元素的性质，十分类似。如第Ⅰ族元素，都具有较强的金属性，而第Ⅶ族元素都具有较强的非金属性。同族元素的化合价是一样的。如第Ⅰ族的化合价都是＋1 价，第Ⅱ族的都是＋2 价，第Ⅲ族都是＋3 价……第 0 族都是 0 价（当然，也有一种元素有几种化合价的）。

化学元素周期律深刻地揭示了化学元素间的内在联系。它表明，118 种化学元素不是彼此隔离、彼此孤立的，而是有着密切联系的统一整体，互相关联，互相制约。

在门捷列夫发现化学元素周期律时，还有许多元素未被发现。1871 年，门捷列夫给这些未发现的元素在周期表上留下了位置，并根据同族元素的性质相似的原理，对这些未发现的元素做了准确的预言。

以镓为例。当时，镓尚未被发现，门捷列夫在化学元素周期表的铝的下边，空了一格。门捷列夫把这空着、尚未发现的元素叫作亚铝（也有译为类铝），并预言了亚铝的各种性质。过了四年，即 1875 年，法国化学家布瓦博德朗在比利牛斯山的闪锌矿中，发现了一种新元素，命名为镓。镓就是门捷列夫所预言的亚铝。布瓦博德朗测量了镓的各种物理、化学数据，

① 氢一般被划为第Ⅰ族，也有的把它划为第Ⅶ族。

② 在化学上，一般用罗马数字来表示第几族，如Ⅲ表示第 3 族，Ⅴ表示第 5 族，Ⅷ表示第 8 族。

结果与门捷列夫四年前所做的预言非常相近。例如，门捷列夫预言镓的原子量大约是 68，而布瓦博德朗的测定结果是 69.72。然而，只有相对密度一项，差值比较大：门捷列夫预言镓的相对密度是 5.9 到 6.0，而布瓦博德朗测定的结果是 4.70。

当时，世界上只有布瓦博德朗的实验室里有一小块金属镓。门捷列夫远在千里之外的彼得堡，根本还没有看到镓，然而，他却给布瓦博德朗写信，指出布瓦博德朗测得的镓的相对密度是错误的，并建议重新测定。布瓦博德朗不相信，他在给门捷列夫的回信中说，自己的测定不会有错。但是，门捷列夫再次写信，要布瓦博德朗进一步提纯金属，重新测定相对密度，坚信镓的相对密度应该是 5.9 到 6.0，不可能是 4.70。布瓦博德朗重新进行了提纯，再次测定镓的相对密度，果然是 5.96，恰恰在门捷列夫所预言的 5.9 到 6.0 之间！

门捷列夫之所以能如此准确地做出预言，主要是由于他认识并掌握了化学元素之间的内在规律——化学元素周期律。正如恩格斯在《自然辩证法》一书中所指出的："门捷列夫证明了：在依据原子量排列的同族元素的系列中，发现有各种空白，这些空白表明这里有新的元素尚待发现。他预先描述了这些未知元素之一的一般化学性质，他称之为亚铝，因为它是以铝为首的系列中紧跟在铝后面的；他并且大约地预言了它的相对密度和原子量以及它的原子体积。几年以后，布瓦博德朗真的发现了这个元素，而门捷列夫的预言被证实了，只有极不重要的差异。亚铝体现为镓。门捷列夫不自觉地应用黑格尔的量转化为质的规律，完成了科学上的一个勋业，这个勋业可以和勒维烈计算尚未知道的行星海王星的轨道的勋业居于同等地位。"①

再以锗为例。锗就是门捷列夫在 1871 年所预言的亚硅——它是在化学

① 《马克思恩格斯选集》，第三卷，人民出版社，1972 年，489—490 页。

元素周期表中硅的下方的一个空位。1885年，德国化学家文克列尔用光谱分析法发现了锗。比较下面的这些数据和描述，就可以看出，门捷列夫根据化学元素周期律所做的预言是多么精确：

门捷列夫的预言：锗是一种金属，原子量大约是72，相对密度大约是5.5；

文克列尔的测定：锗是一种金属，原子量为72.3，相对密度为5.35。

门捷列夫的预言：这种金属几乎不和酸起作用，但是可和碱起作用；

文克列尔的测定：锗很难和酸作用，但在熔融时极易和碱起作用。

门捷列夫的预言：这种金属的氧化物的相对密度大约是4.7，它极易溶解于碱，并易还原为金属；

文克列尔的测定：氧化锗的相对密度是4.703，易溶于碱，并可用碳还原成金属。

门捷列夫的预言：这种金属和氯的化合物是液体，相对密度大约是1.9，沸点大约是90℃；

文克列尔的测定：氯化锗是液体，相对密度为1.887，沸点为86℃。

化学元素周期律的发现，使人们对化学元素的认识大大地深入了一步，加强了发现新元素的预见能力，减少了寻找新元素的盲目性。人们在化学元素周期律的指导下，逐个发现了门捷列夫在1871年所预言的11个元素（包括镓、锗）：

1879年，发现了钪——门捷列夫预言的“亚硼”；

1898年，发现了两种新元素镭与钋——门捷列夫所预言的亚钡与亚碲；

1899年，发现了锕——门捷列夫所预言的亚镧；

1925年，发现了铼——门捷列夫所预言的亚锰；

…………

另外，人们还根据化学元素周期律，发现了一系列惰性气体。

化学元素周期律，现在成为化学这门科学的基础理论，同时也是化学元素最根本的规律。以上介绍了许多关于化学元素的知识，是为了帮助读者先对化学元素有个初步的、基本的概念。

有关化学元素的知识是非常多的，几乎每一种化学元素都可以出一本书来进行介绍。在这本书里，只准备通俗、扼要地介绍 60 种比较常见、比较重要的化学元素。读了这本书以后，可以大致认识这些化学元素的基本特性。

介绍每种化学元素时，大体上包括元素的历史、在大自然中的含量与存在形式、物理性质、化学性质、重要化合物、主要用途这样六个方面。

地球上最多的元素——氧

在世界化学史上，过去人们一直认为，氧气是瑞典化学家舍勒在1772年和英国化学家普利斯特利在1774年各自独立发现的。其实，世界上第一个发现氧气并对它做了许多研究的，是我国古代学者马和。在1100多年前，马和写过一本叫《平龙认》的书。在书中，马和认为：空气中有阴阳两气，阴气可以从加热青石、火硝、黑炭石中提取，水里也有阴气，它与阳气紧密混合在一起，很难分开。这里的“阴气”，就是指氧气。

1807年，德国的汉学家克拉普罗特在俄罗斯彼得堡科学院宣读了论文《第八世纪时中国人的化学知识》，详细介绍了马和发现氧气的问题。

克拉普罗特见到的《平龙认》是一本手抄本，这本书现在没找到。因此，关于马和发现氧气的详细情况尚有待进一步考证，但是，至少可以得出这样的结论：在1100多年前，我国学者马和已经对氧气做了十分深入的研究。

氧是地球上最多的元素，也是分布最广的元素。据统计，氧几乎占地壳总重量的一半——48.6%①。在空气中，氧气占总体积的21%。海洋，也是一个巨大的氧的仓库，因为水是由氢和氧两种元素组成的，氧占水质量的89%，而地球表面有四分之三是被水覆盖着的！在动物体内，占总重量一半以上的也是水。我们脚下的大地，也是氧的大“旅馆”，如沙子（二氧化硅）中含氧53%，黏土含氧达56%，石灰石含氧达48%，其他许多矿物绝大部分也都是氧化物，如铁矿、铝矿、锡矿、铜矿、锰矿、锌

① “地壳中的含量”中的“地壳”，是指深度达16公里的地球表面层，它包括岩石层、水气层及大气层，而“含量”一般是指质量分数。

矿等。

氧原子^{16}O的原子核，是由8个质子和8个中子组成的。在原子核外，有8个电子。氧的化合价是负2价。1个氧气分子，是由2个氧原子组成的。

少量纯净的氧气，是无色、无味的气体，但大量的氧气，则呈浅蓝色。

在零下183摄氏度以下，氧气可变成蔚蓝色的液体，温度更低些甚至可得到雪花般的固态氧。现在，人们用分馏液态空气或电解水来大量制取氧气。

氧气的化学性质很活泼，能和绝大部分元素化合变成氧化物。在化合时，常放出大量的光和热——燃烧，因此，氧成了重要的助燃剂。煤、木柴、汽油等，没有氧气便不能燃烧。在纯氧中燃烧比空气中更猛烈，以至于连铁丝都能在纯氧中猛烈燃烧，发出炫目的白光。利用乙炔、氢气在纯氧中燃烧，制得“炔氧焰”“氢氧焰”，在工业上用来切割或焊接厚厚的钢板，因为那炽热的火焰能使钢铁迅速熔成铁水。把棉花浸在液态氧中，居然成了炸药，可以用来开矿、劈山。

呼吸也离不了氧气。动物、植物在呼吸时，都是从空气中吸进氧气，吐出二氧化碳。从化学本质上讲，呼吸就是缓慢的氧化，而燃烧则是剧烈的氧化。通常人一星期不喝水会造成死亡，但如果停止呼吸六七分钟便会死亡。氧气，过去常称“养气”。这个名字是我国清末近代化学启蒙者徐寿取的，意即“养气之质”，是人的生命不可缺少的东西。后来为了统一起见，气体元素偏旁一律写成“气”，才出现“氧”字。据统计，成年人每分钟要呼吸16—20次，每次大约吸入半升氧气。在医疗上，常给一些严重的肺结核病人呼吸纯净的氧气，可以大大减少他们肺部的负担，每分钟呼吸七八次就够了。登山运动员、飞行员也随身带着氧气囊，以便在缺少氧气的地方正常地工作。

雷雨时，氧气受电击会生成臭氧

氧气分子含有2个氧原子。在雷雨时，氧气受电击会产生少量的臭氧。臭氧分子含有3个氧原子——O_3。臭氧具有一股臭味。纯净的臭氧是天蓝色的气体，具有极强的氧化能力，如银与氧气不会直接化合，而遇臭氧便被氧化成过氧化银；松节油、酒精和臭氧相遇，便立即发生燃烧。在工业上，臭氧被用作氧化剂、漂白剂和消毒剂。更有趣的是，浓的臭氧固然很臭，但是稀薄的臭氧非但不臭，反而给人以清新的感觉。雷雨后，空气便格外新鲜，那游荡着的少量臭氧，起着净化空气和杀菌的作用。很多有机树脂也很容易被氧化而放出臭氧来，这样，一些疗养院便常常设在松林里。

在大自然中，氧气有三种同位素，即$^{16}_{8}O$、$^{17}_{8}O$、$^{18}_{8}O$。普通的氧，就是由这三种同位素混合组成的，其中$^{16}_{8}O$最多，占99.76%，$^{17}_{8}O$占0.04%，$^{18}_{8}O$占0.20%。

在化学上，以前曾用氧原子量的1/16作为原子量的单位，叫作氧单位。现在已改用$^{12}_{6}C$原子的原子量的1/12作为原子量的单位。

生命的基础——氮

在空气中占总体积78.16%的是氮气。

纯净的氮气，在常温下是无色无味的气体，比空气略轻；在－195.5℃时为无色的液体。如果温度低至－210℃以下，液体氮就凝结为雪花般的白色晶体。

氮气在平常的温度下，化学性质很不活泼，既不助燃，也不能帮助呼吸。这样，科学家最初把它命名为“无用的空气”。游离态的氮气，用途并不很广——人们只是利用它的孤独的脾气：在电灯泡里灌有氮气，可以减慢钨丝的挥发速度。在博物馆里，那些贵重而罕有的画页、书卷，常常保存在充满氮气的圆筒里，因为蛀虫在氮气中不能生存，当然也就无法捣乱了。医治肺结核的“人工气胸术”，也是把氮气（或空气）打进肺结核病人的胸腔里，压缩有病灶的肺叶，使它得到休息。我国农村应用氮气来保存粮食，叫作“真空无氮储粮”。2011年3月，日本福岛核电站为了防止氢气爆炸，也灌入脾气孤独的氮气。

然而，氮气真的是“无用的空气”吗？不，恰恰相反！

氮气在高温下十分活泼，能与许多东西化合。例如，在高温、高压与催化剂的作用下，氮气能与氢气化合，变成氨。夏天，从存放冰棍的冰箱旁，有时会逸出一股刺鼻的臭味，那便是氨，因为氨易液化，常被用作冷冻机里的冷冻剂。氨是制造氮肥的重要原料。氨与硫酸化合，便制成最常用的化肥——硫酸铵（俗称肥田粉）。氨与二氧化碳化合，可制成尿素——碳酰胺。氨溶解在水中，便成了氨水。氨水是成本低廉、肥效很好的速效氮肥。其他氮肥如氯化铵、硝酸铵、碳酸氢铵、磷酸铵（氮磷复合肥料）等，都是以氨为原料的。不过，氨具有强烈的刺激性，对人体是有毒的。空气中如果含有 0.5%的氨，便会强烈刺激人的鼻黏膜。严重氨中毒时，会使人气喘，发生眼睛和呼吸系统的疾病，甚至使人昏迷。

氨经氧化以后，可制造著名的强酸——硝酸。硝酸是无色的液体，具有很强的酸性与氧化性。稀硝酸能迅速腐蚀铁，而浓硝酸却可装在铁器中——因为浓硝酸会氧化铁器的表面，生成一层氧化膜，而使内部的铁不被腐蚀。用硝酸可制造黄色炸药——TNT（三硝基甲苯)、五光十色的各种染料、著名的消炎药物——磺胺。

这样，氮成了氮肥、炸药、染料、制药工业的“主角”。

氮还是“生命的基础”！一切生命现象，都离不了蛋白质，而氮就是组成蛋白质的重要成分。羊毛、蚕丝、头发、指甲、羽毛以及人体中的各种酶、激素、血红蛋白，都富含蛋白质。牛奶、鸡蛋、黄豆等都含有大量的蛋白质。蛋白质则是由氨基酸组成的。

蛋白质是与生命现象紧密联系在一起的：不论在什么地方，只要我们遇到生命，那里就有蛋白质；不论在什么地方，只要我们遇到不处于解体过程的蛋白质，我们也无例外地可发现生命现象。恩格斯在《反杜林论》中指出：“如果化学有一天能够用人工方法制造蛋白质，那么这样的蛋白质就一定会显示出生命现象……”研究人工合成蛋白质，具有重要的意义。1965 年我国在世界上第一次人工合成具有生物活力的蛋白质——结晶牛胰岛素。不久，又成功地用 X 光衍射法完成了分辨率为 2.5 埃的猪胰岛素晶体结构的测定工作。如今，科学家们正为进一步揭开生命现象的本质而努力。

另外，氮现在广泛应用于制革工艺——酶法脱毛。用蛋白酶脱毛，不仅成本低、质量好，而且大大减轻工人的劳动强度。正因为氮是“生命的基础”，所以植物也离不了氮。缺少了氮，庄稼便长得又瘦又小，叶子发黄，花小而不易受孕，果实小而不饱满。因为氮不仅是庄稼制造叶绿素的原料，而且是庄稼制造蛋白质的原料。据统计，全世界的庄稼，在一年之内，要从土壤里摄取 4000 多万吨氮！也正因为这样，氮被誉为庄稼生长的“三大要素”——氮、磷、钾——中的一个。氮不仅在工业上很重要，在农业上也很重要。

豆科植物的根部，常常长着许多小疙瘩——根瘤。根瘤里住着根瘤菌。根瘤菌能够直接从空气中吸取氮气，制造氮肥。正因为这样，在种植豆科作物时，常不需施用太多的氮肥。

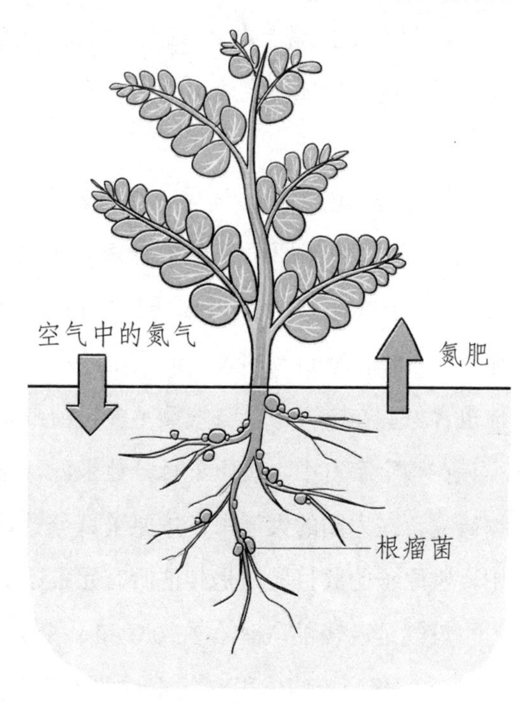

在大自然中，氮约占地壳总重量的 0.04%，其中绝大部分集中在空气中。另外，硝石（即硝酸钠）中也含有很多氮。氮的希腊文原意，便是“来自硝石”。拉丁美洲的智利盛产硝石。土壤中一般也含有微量的硝酸钾、硝酸钠、硝酸钙等氮化物。

最轻的气体——氢

16 世纪末，瑞士化学家巴拉赛尔斯把铁放在硫酸中，铁片顿时和硫酸发生激烈的化学反应，放出许多气泡——氢气。但直到 1787 年，氢才被确定为化学元素。

氢气是无色无味的气体。在地壳中，如果按重量计算，氢只占总重量的 1%，而如果按原子百分数计算，则占 17%——也就是说，在地壳中，100 个原子里有 17 个是氢原子！氢在大自然中分布很广，水便是氢的“仓库”——水中含 11%的氢，泥土中约有 1.5%的氢，石油、天然气、动植物体也含氢。在空气中，氢气倒不多，约占总体积的一千万分之五。

在整个宇宙中，按原子百分数来说，氢却是最多的元素——比氧还多。据研究，在太阳的大气中，按原子百分数计算，氢占 81.75%。在宇宙空间中，氢原子的数目大约是其他所有元素原子的总和的 100 倍。

氢气是最轻的气体。在 0℃和一个大气压下，每升氢气只有 0.09 克重——约相当于同体积空气重量的十四分之一。这样轻盈的气体，很早便引起人们的注意。1780 年，法国化学家布拉克便把氢气灌入猪的膀胱中，制得了世界上第一个，也是最原始的氢气球，它冉冉地飞向高空。现在，人们则是往橡胶薄膜中灌入氢气，大量制造氢气球。节日里放的彩色气球，便灌着氢气。现在，氢气球又添了一项新用途——支援农业：利用气球携带干冰、碘化银等药剂升上天空，在云朵中喷撒，进行人工降雨。

氢是元素周期表中的第一号元素，它的原子是所有元素中最小的一个。由于它又轻又小，跑得最快，也最会“钻空子”。氢气球灌好后，过了一夜，第二天便常常飞不起来，就是由于在一夜之间，大部分氢气都钻过橡胶薄膜上看不见的细孔，溜之大吉了，因此氢气球必须随灌随用。在高温、高压下，氢气甚至还能穿过很厚的钢板，因此合成氨的反应塔总是用很厚的钢筒来做。氢气的导热能力也特别好，比空气高7倍，有些发电机便用氢气来冷却。除了氦之外，氢气是最难液化的气体，沸点低达－253℃，熔点为－259℃。

氢在空气或氧气中能燃烧，生成水。因此，它的希腊文原意，便是“水的生成者”。有趣的是，氢气在常温下，化学性质并不活泼，只能与氟直接化合或在紫外线照射下直接与氯气化合，而与氧气却很难化合。人们曾做了这样的实验：把氢气和氧气混合放在玻璃瓶中，过了几年，瓶中还没有水迹。据估计，在常温下，起码要经过1000万年以上，氢气和氧气才会全部化合成水。然而，一遇见火或放进一点铂粉，氢与氧立即会爆炸。这种能发出爆炸声的氢氧混合气，在化学上叫作“爆鸣气”。含氢在9.5％以下或65％以上，点燃时虽也燃烧，但不会发出震耳的爆炸声。

氢气和氧气化合时，放出大量的热。工业上，人们用氢气做气体燃料。著名的“氢氧焰”，温度高达2500℃，可用来焊接或切割钢板。氢气也是重要的工业原料，人们用氢气和氮气作用制成氨，而氨可说是“氮肥之母”，绝大部分氮肥都是用氨做原料制造的。氢气和氯气化合成氯化氢，它溶解于水，便成为重要的强酸——盐酸。许多金属，要用氢气做还原剂来冶炼。许多液态的油，用镍做催化剂，通入氢气，可变成固态，这叫作“油脂氢化”。如鲸油是具有一股臭味的油液，氢化后，成了漂亮的白色固体，没有臭味。在工业上，人们是用水蒸气通过灼热的煤层制取氢气，也可用电解水来制取纯氢。

在大自然中，除了普通的氢以外，还有四种氢的同位素——氘、氚、氢-4和氢-5，它们的原子量分别为2、3、4、5。其中，氘最重要。普通氢原子的原子核是由1个质子组成的，而氘的原子核除了含1个质子外，还含有1个中子。氘俗称重氢。氘和氧形成的水叫重水。重水的确比水重：1立方米重水比1立方米水重105.6千克。重水看上去和水差不多，但脾气大不相同：如果你用重水养金鱼，没多久鱼便死去。用重水浸过的种子不会发芽。普通水在100℃沸腾，重水则在101.42℃才沸腾。在大自然中，重水很少，50吨普通水中才含有1千克重水。在原子能工业上，重水是重要的中子减速剂。氢弹，也是用氘做主要原料。现在，人们用电流来大批大批地电解水，由于重水不会被电解，而普通的水则被电解，变成氢气和氧气从两极逸走，于是重水的浓度随着电解的进行不断提高。最后，把电解液蒸馏一下，便可以得到很纯净的重水。

重水是在1932年才第一次被人们发现的。但现在重水已成了很重要的战略物资。将来，重水将越发重要，人们称它为“未来的燃料”，因为重水是热核反应的“燃料”——一种在核反应时释放出来的能量异常巨大的好“燃料”，而海水将成为制取重水的取之不尽、用之不竭的原料。

太阳的元素——氦

1868年，科学家在用光谱分析法研究太阳光谱时，发现了一种新元素。由于这种元素当时在地球上还未被发现，因此他们把它命名为“氦”，氦的拉丁文原意就是“太阳”。其实，地球上也有氦，1895年，英国化学家拉姆赛在分析钇铀矿时便发现了氦。后来，人们在大气、水、陨石和宇宙射线中也发现了氦。

氦，是一种无色、无味、无臭的惰性气体。它和其他惰性气体一样，都是单原子分子，即1个分子是由1个原子组成的（一般气体分子大都是双原子分子）。在大气中，它的含量很少，按体积计算，仅占5%。不过，从地下冒出的天然气中，氦的含量较多，达2%—6%。现在，工业上都是利用天然气来制取氦的。

氦很轻。在所有的元素中，除了氢外，就数氦最轻了。它的重量，只有同体积的空气的七分之一。由于氦不像氢那样会燃烧，使用非常安全，因此，人们便用氦来代替氢气，填充气球和飞艇的气囊。用氦气填装的飞艇的上升能力，大约等于同体积的用氢气填装的飞艇的93%。不过，氦比较贵。填充一个现代化的飞艇，约需20万立方米的氦。氦，最近还被人们混在塑料、人造丝、合成纤维中，制成非常轻盈的泡沫塑料、泡沫纤维。

氦，又是极难溶于水的气体，100体积的水在0℃时，大约只能溶解1体积的氦。在医学上，便利用氦的这一特性来医治“潜水病”。过去，当潜水员潜入海底时，由于深海压力很大，吸进体内的空气中的氮气，随着压力的增加大量溶解在血液里；而当潜水员出水时，压力猛然下降，原先溶解在血液里的氮气纷纷跑出来，以致使血管阻塞而造成死亡。这种病叫作“潜水病”。现在，人们利用氦气和氧气混合，制成“人造空气”来供给潜水员呼吸。由于氦气在血液中溶解很少，因此，潜水员即使沉降到离水面100米以下的水底，也不会再患“潜水病”。这种“人造空气”也常被用来医治支气管气喘和窒息等病，因为它的密度只及空气的三分之一，因此呼吸时要比呼吸空气轻松得多。

氦是最难液化的气体，曾经被认为是“永久气体”，意思是说，氦是永远不能被变成液态的。直到1908年氦才终于被液化。氦在−269℃以下才变成液态，在25个大气压下，−272.2℃以下才会变成“氦冰”——固态氦。现在，在低温工业上，液态氦常被用作冷却剂。

氦具有极高的激发电势，在电子管工业上，常用氦做填充气体。氦也被用来制造精密温度计、辉光灯、高压指示器等。

氦的化学性质极不活泼，几乎不和别的元素相化合，是惰性气体之一。在工业上，当焊接金属时，常用氦做保护气体，隔绝空气，防止金属在焊接时被氧化。

住在霓虹灯里的气体——氖和氩

霓虹灯是法国化学家克劳德在1910年发明的，它的英文原意是“氖灯”。这是因为世界上第一盏霓虹灯是填充氖气制成的。

氖是1898年被英国化学家拉姆赛发现的，它的希腊文原意是“新”，意即从空气中发现的新气体。

氖是一种无色的气体，在－246℃会变成液体，温度降到－249℃，才变成白色的结晶体。

氖是惰性气体，化学性质极不活泼，几乎不与别的元素化合。在空气中，氖的含量极少，1立方米的空气中，只有18立方厘米的氖。现在，人们用分馏液态空气的办法制取氖。

在电场的激发下，氖能射出红色的光，霓虹灯便是利用氖的这一特性制成的。在霓虹灯的两端，装着两个用铁、铜、铝、镍制成的电极，灯管里装着氖气，一通电，氖气受到电场的激发，放出红色的光。氖灯射出的红光，在空气中透射力很强，可以穿过浓雾。因此，氖灯还常用在港口、机场、水陆交通线的灯标上。

除氖以外，惰性气体氩也是霓虹灯里的“居民”。

氩，是最早发现的惰性气体，1894年拉姆赛和雷拉就发现了它，它的希腊文原意是“不活泼”。

在空气中，氩的含量并不太少，按体积计算，约占0.93％——将近1％，比起别的惰性气体来，氩是空气中含量最多的了。

氩也是无色的气体，但比较重。在一个大气压和0℃时，1升氩气重1.7837克，几乎比空气重50％。在电场激发下，氩会射出浅蓝色的光。因此，它被用来填充在霓虹灯管里。除了装氖和氩以外，还有的霓虹灯里充进氦气，射出淡红色的光；有的充进水银蒸气，射出绿紫色的光。也有的装着氖、氩、氦、水银蒸气等四种气体（或三种、两种）的混合物。由于各种气体的比例不同，便能得到五光十色的各种霓虹灯。

除了制造霓虹灯外，氩气还用来填充普通的白炽电灯泡。因为氩是空气中含量最多的一种惰性气体，比较易得，而且氩分子运动速度相当小，导热性差，用氩来填充电灯泡，可以大大延长灯泡的寿命并增加灯泡的亮度。在焊接金属时，常用氩做保护气体，焊接一些化学性质非常活泼的金属，如镁、铝等，这样可防止这些金属在高温中氧化。原子能反应堆的核燃料钚，在空气中也会迅速氧化，同样需在氩气保护下进行机械加工。现在，我国许多工厂都已采用氩弧焊接技术。

在低温下，可以用铝硅酸钠做“分子筛”，它能吸附氧而使氩穿过，也就是把氧留在“筛”上，使氩“筛”过去，这样，可以制得纯度为99.996%的氩气。

“小太阳”里的“居民”——氙

1965年春节，上海南京路上海第一百货商店大楼顶上，出现一盏不平常的灯，它的功率高达2万瓦。每当夜幕降临，它大放光芒，照得南京路一片雪亮。然而，它并不大，灯管只比普通日光灯长1倍。人们称誉它为“人造小太阳”。这“人造小太阳”是复旦大学试制成功的。

“人造小太阳”，就是高压长弧氙灯的俗称。高压长弧氙灯的“主角”，便是氙气。

氙是在1898年被英国化学家拉姆赛和特拉威尔斯发现的。它在空气中的含量极少，仅占总体积的一亿分之八，因此，它的希腊文原意便是“生疏”的意思。现在，人们使用分馏液态空气的方法来制取氙。

氙气是一种无色的气体，比同体积的空气重3倍多。在－108℃时，氙会变成无色液体；当温度降到－112℃时，会变成白色结晶体。

氙也是一种惰性气体，化学性质极不活泼，一向被认为是“懒惰”的元素，是“永远不与任何东西相化合”的元素。然而，经过人们长期的努力，终于突破了氙“永远不与任何东西相化合”的形而上学的观点。1962年，一位化学家用六氟化铂与氙作用，首先制成了一种黄色的六氟化氙固体化合物。紧接着，人们又陆续制得了二氟化氙、四氟化氙、二氧化氙、三氟氧化氙、四氟氧化氙等化合物。1972年，人们还合成了第一个氙与金属形成的新型化合物。

氙在电场的激发下，能射出类似于太阳光的连续光谱。高压长弧氙灯便是利用氙的这一特性制成的。氙灯是20世纪60年代才发展起来的新光源之一。这种灯的灯管是用耐高温、耐高压的石英管做成的，两头焊死，各装入一个钨电极，管内充入高压氙气。有的高压氙灯内，氙气的压力高达几十个大气压。通电后，氙气受激发，射出强烈的白光。一支6万瓦的氙灯的亮度，相当于900支100瓦的普通灯泡！高压长弧氙灯可用于电影摄影、舞台照明、放映、纺织和油漆工业照明以及广场、运动场的照明。一盏氙灯，一般可照明1000多小时。氙灯能放出紫外线，因此在医疗上也得到应用。

氙也大量被用来填充光电管和用在真空技术上。用氙制造的照相闪光灯，可以连续使用几千次，而普通的镁光灯，却只能使用一次。

在原子能工业上，氙可以用来检验高速粒子、γ粒子、介子等的存在。氙的同位素还可以代替X射线来探测金属内部的伤痕。

有趣的是，氙还具有一定的麻醉作用——它能溶于细胞质的油脂中而引起细胞的膨胀和麻醉，从而使神经末梢作用暂时停止。人们曾试用80%氙和20%氧组成的混合气体，作为麻醉剂。只不过由于氙比较少，因此目前还不能广泛使用它做麻醉剂。

最活泼的元素——氟

在所有的元素中，要算氟最活泼了。

氟是淡黄色的气体，有特殊难闻的臭味，剧毒。在－188℃以下，凝成黄色的液体；在－223℃变成黄色结晶体。在常温下，氟几乎能和所有的元素化合：大多数金属都会被氟腐蚀，碱金属在氟气中会燃烧，甚至连黄金在受热后，也能在氟气中燃烧！许多非金属，如硅、磷、硫等同样也会在氟气中燃烧。如果把氟通入水中，它会把水中的氢夺走，放出原子氧。例外的只有铂，在常温下不会被氟腐蚀（高温时仍被腐蚀），因此，在用电解法制造氟时，便用铂做电极。

在原子能工业上，氟有着重要的用途：人们用氟从铀矿中提取铀 235，因为铀和氟的化合物很易挥发，用分馏法可以把它和其他杂质分开，得到十分纯净的铀 235。铀 235 是制造原子弹的原料。在铀的所有化合物中，只有氟化物具有很好的挥发性能。

氟最重要的化合物是氟化氢。氟化氢很易溶解于水，水溶液叫氢氟酸，这正如氯化氢的水溶液叫氢氯酸（俗名叫盐酸）一样。氢氟酸都是装在聚乙烯塑料瓶里的。如果装在玻璃瓶里的话，过一会儿，整个玻璃瓶都会被它溶解掉——因为它能强烈地腐蚀玻璃。人们便利用它的这一特性，先在玻璃上涂一层石蜡，再用刀子划破蜡层刻成花纹，涂上氢氟酸。过了一会儿，洗去残余的氢氟酸，刮掉蜡层，玻璃上便出现美丽的花纹。玻璃杯上的刻花、玻璃仪器上的刻度，基本上是用氢氟酸“刻”成的。由于氢氟酸会强烈腐蚀玻璃，所以在制造氢氟酸时不能使用玻璃的设备，而必须在铅制设备中进行。

在工业上，氟化氢大量被用来制造聚四氟乙烯塑料。聚四氟乙烯号称

“塑料之王”，具有极好的耐腐蚀性能，即使是浸在水中，也不会被侵蚀。它又耐250℃以上的高温和－269.3℃以下的低温，在原子能工业、半导体工业、超低温研究和宇宙火箭等尖端科学技术中，有着重要的应用。我国在1965年已试制成功聚四氟乙烯。聚四氟乙烯的表面非常光滑，滴水不沾。人们用它来制造自来水笔的笔尖，吸完墨水后，不必再用纸来擦净墨水，因为它表面上一点墨水也不沾。氟化氢也被用来氟化一些有机化合物。著名的冷冻剂“氟利昂”，便是氟与碳、氯的化合物。在酿酒工业上，人们用氢氟酸杀死一些对发酵有害的细菌。

氢氟酸的盐类，如氟化锶、氟化钠、氟化亚锡等，对乳酸杆菌有显著的抑制能力，被用来制造防龋牙膏。常见的“氟化锶”牙膏，便含有大约千分之一的氟化锶。

在大自然中，氟的分布很广，约占地壳总重量的万分之二。最重要的氟矿是萤石——氟化钙。萤石很漂亮，有玻璃般的光泽，正方块状，随着所含的杂质不同，有淡黄、浅绿、淡蓝、紫、黑、红等色。我国在古代便已知道萤石了，并用它制作装饰品。现在，萤石大量被用来制造氟化氢和氟。在炼铝工业上，也消耗大量的萤石，因为用电解法制铝时，加入冰晶石（较纯的氟化钙晶体）可降低氧化铝的熔点。天然的冰晶石很少，要用萤石做原料来制造。除了萤石外，磷灰石中也含有3%的氟。土壤中含氟约万分之二，海水中含氟约一千万分之一。

在人体中，氟主要集中在骨骼和牙齿。特别是牙齿，含氟达万分之二。牡蛎壳的含氟量约比海水含氟量高20倍。植物体也含氟，尤其是葱和豆类含氟最多。

氟是瑞典化学家舍勒在1771年发现的。1810年，英国化学家戴维把它命名为氟，拉丁文的原意就是“萤石”。由于氟很活泼，不易制取，所以直到1886年，法国化学家莫瓦桑才第一次制得了游离态的氟。

消毒的毒气——氯

清晨，当你用自来水洗脸时，常会闻到一股刺鼻的气味。这就是氯气 Cl_2 的气味。

氯气，是黄绿色的气体，有股强烈的刺激性气味。氯是瑞典化学家舍勒在 1774 年发现的，它的希腊文原意就是“绿色的”。我国清末翻译家徐寿，最初便把它译为“绿气”，后来才把两字合为一字——“氯”。氯约比空气重 2.5 倍，每升氯重 3.21 克（在标准状态下）。在常温和 6 个大气压下，氯就可以被液化，变成黄绿色的液体。在工业上，便称之为“液氯”。

氯的化学性质很活泼，它几乎能跟一切普通的金属，以及除了碳、氮、氧以外的所有非金属直接化合。不过，氯在完全没有水蒸气存在的情况下，却不会与铁作用。这样，在工业上，液氯常常被装在钢筒里。装液氯的钢筒，一般都漆成绿色（习惯上，装氧的钢筒漆为蓝色，装氨的漆成黄色，装二氧化碳的则漆成黑色。化工厂中输送这些气体的管道，也往往漆成这些颜色，以资区别。不过，也有例外的）。

氯是呛人、令人窒息的有毒气体。在空气中，如果含有万分之一的氯气，就会严重影响人的健康。在制氯的工厂中，空气里游离氯气的含量最高不得超过 1 毫克/米^3。氯气中毒时，人会剧烈咳嗽，严重的使人窒息、死亡。一旦发生氯气中毒，应把患者抬到空气新鲜的地方，吸入氨也有解毒作用。

氯气虽然是有毒的，氯的化合物有的却是无毒的。

氯气易溶于水，在常温常压下，1 体积水大约可溶解 2.5 体积的氯气。氯气的水溶液，叫作“氯水”。我们平常所用的自来水，严格地说，是一种很稀的氯水！这是因为在自来水厂，人们往水里通进少量氯气，来进行杀菌、消毒。另外，人们也常把氯气通入石灰水中，制成漂白粉［主要成分是氯化钙和次氯酸钙，有效成分是次氯酸钙 $Ca(ClO)_2$］。漂白粉也可用来给饮用水消毒。在工业上，漂白粉还被用来漂白纸张、棉纱、布匹，因为它在水中能分解，放出具有很强氧化能力的初生态氧。不过，漂白粉必须保存在阴凉的地方，它受热或见光，都会逐渐分解，失去杀菌、漂白能力。

氯气能在氢气中燃烧，氢气也能在氯气中燃烧。燃烧后，都生成重要的氯化物氯化氢。氯化氢是无色的气体，有一股刺鼻、呛人的气味。在工业上，氯化氢是制造产量很大、用途很广的塑料——聚氯乙烯的主要原料，现在，绝大部分塑料雨衣、塑料窗帘、塑料鞋底、人造革等，都是用聚氯乙烯塑料做的。1 吨聚氯乙烯塑料做成的人造革，可以代替 10000 张牛皮！

氯化氢气体很易溶解于水。在常温常压下，1 体积的水可以溶解 450 体积的氯化氢！氯化氢的水溶液是大名鼎鼎的强酸——盐酸。在化学工业上，盐酸是重要的化工原料，在冶金工业、纺织工业、食品工业上，也有广泛的应用。人的胃中，含有浓度为千分之五的盐酸，促进食物的消化，并杀死病菌。有些人因胃液中缺少盐酸，引起消化不良，患胃病，医生常给他们喝些稀盐酸。当然，浓盐酸是万万喝不得的，它具有强烈的腐蚀性。人们在焊接金属时，常在表面涂些盐酸，以便清除杂质。

氯的另一个重要化合物是食盐——氯化钠 NaCl。食盐，是工业上制烧碱（氢氧化钠 NaOH 的俗称）、氯气和盐酸的原料（用电解饱和食盐水的方法）。此外，像氯化钾 KCl，是重要的钾肥；无水氯化钙 $CaCl_2$ 易吸水，是常用的干燥剂；氯化银 AgCl，是制造照相纸和底片的重要感光材料；氯化锌 $ZnCl_2$，则用作铁路枕木的防腐剂。

氯的有机化合物也很多。氯化苦、敌百虫、乐果、赛力散等农药，都是含氯的有机化合物。三氯甲烷俗称氯仿，是医院中常用的环境消毒剂。四氯化碳是常用的溶剂和灭火剂。高效化学灭火剂——“1211”，化学成分为二氟一氯一溴甲烷。它的分子结构类似于四氯化碳，但是，灭火能力高于四氯化碳和二氧化碳，尤其是能有效、迅速地扑灭着火的油类。“1211”能在很短时间（几秒到几十秒）内扑灭大面积油类火灾，现在，已开始用于我国船舶、油田、炼油厂、酒精厂等部门。

氯在地壳中的含量很多，约为千分之二。人体中约含有四百分之一的氯。

有机世界的“主角”——碳

碳在地球上虽不算太少，但也不算太多，按重量计算，占地壳中各元素总重量的千分之四，按原子总数计算不超过千分之一点五，然而，碳的足迹却遍布全球。

在大自然中，有纯净的碳。比如说，金刚石便是非常纯净的碳——在纯净的氧气中，金刚石居然会燃烧，变成二氧化碳！金刚石是最坚硬的东西，人们用它来裁玻璃，或者装在钻探机的钻头上，成为向地层深处进军的开路先锋。不过，天然的金刚石终究不多，不能满足工业上的需要。现在，我国已试制成功人造金刚石——在高温高压下，用石墨制造金刚石。

用石墨怎么能制造金刚石呢？这是因为石墨也是很纯净的碳。铅笔的笔芯，就是用石墨做的。石墨与金刚石的脾气大不一样，它很软，在纸上一画，便留下一条黑道道，因此常用作铅笔芯。石墨能耐 3000℃以上的高温，在工业上用石墨制造坩埚来熔炼钢、铜。石墨还能导电，被用作电极，干电池里那个黑芯子，便是石墨。

金刚石和石墨都是碳，为什么性质截然不同呢？这是因为它们的晶体结构不同。在金刚石中，碳原子排列非常规则，在每一个碳原子周围有四个等距离的碳原子，构成一个正四面体，所以金刚石相对密度大，坚硬。而石墨的晶体结构则是层状，层与层之间距离较大，容易滑动，所以石墨相对密度比金刚石小，而且软、滑。金刚石与石墨，叫“同素异形体”，即由同一元素构成的两种性质不同的物体。

木炭、煤、骨灰也是碳（含有一些杂质），叫作无定形碳。我国是世界上最早知道用煤做燃料的国家，早在 3000 多年前，我国便已用“黑石”（即

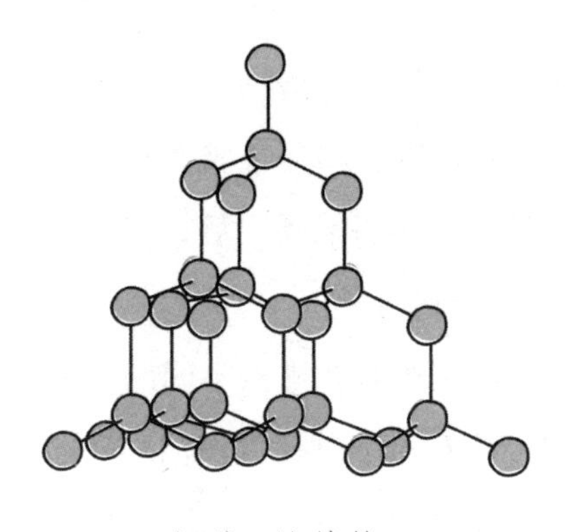

金刚石的结构

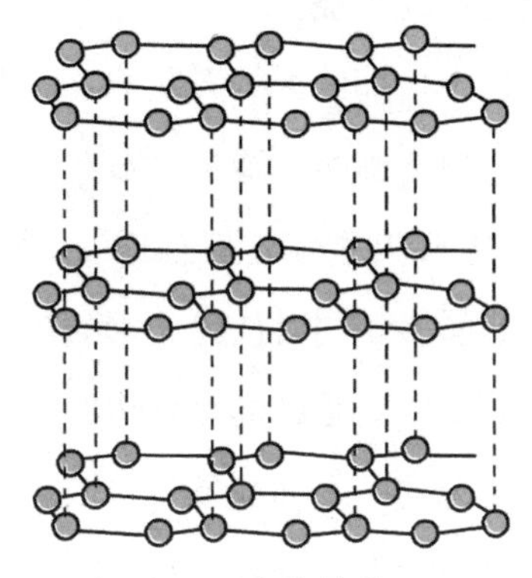

石墨的结构

煤）来取暖、烧饭。煤被誉为“工业的粮食”，是最重要的工业燃料。经过炼焦后，从煤焦油中还能得到苯、苯酚等500多种工业原料。烟囱里的烟炱也是纯净的碳。烟炱用来制造墨、墨汁、油墨。在橡胶中加入烟炱，可以使它的机械强度增加10倍。现在90%的烟炱，都是用作橡胶的“增强剂”。

木头、煤、炭等燃烧后，生成了二氧化碳。二氧化碳是无色无味的气体，比空气略重，在空气中的含量为万分之三。一加压力，二氧化碳很易变成无色的液体，温度更低些，则变成白色、雪花般的晶体——干冰。二氧化碳易溶解于水，汽水里便溶有二氧化碳。二氧化碳不助燃，化学灭火器喷出的气体便是二氧化碳。人、动物、植物在呼吸时不断吐出二氧化碳，据统计，全人类每年呼出的二氧化碳达10亿8000多万吨。而全世界工厂、火车、轮船的烟囱，每年要吐出100多亿吨二氧化碳。这样下去，世界岂不成了二氧化碳的世界吗？不，不会，原来大自然中有一个奇妙的循环：植物在光合作用时，吸收大量二氧化碳，吐出氧气，这样，二氧化碳才不至于越来越多。

煤不完全燃烧，会生成一氧化碳。一氧化碳是剧毒的气体，“煤气”中毒，这“煤气”便是一氧化碳。一氧化碳在工业上是重要的燃料和原料。一氧化碳燃烧产生蓝色的火焰，炉膛的煤层上常看见浅蓝色火苗，那便是一氧化碳在燃烧。

山上，那巨大的石灰岩，也是碳的化合物——碳酸钙。石灰岩可以做建筑材料，铺路、造桥。石灰岩在石灰窑中灼烧后，可变成生石灰（氧化钙），生石灰常用来做建筑黏合剂或粉刷墙壁。生石灰遇水后，变成熟石灰（氢氧化钙），同时放出大量的热，甚至可以煮熟鸡蛋。

石油，更是碳的化合物的“仓库”。石油主要是各沸点不同的碳氢化合物的混合物。石油被誉为“工业的血液”，从石油中可提取汽油、煤油、柴油，是工业上最重要的液体燃料，用来开动各种内燃机。用石油做原料，还可制造塑料、合成纤维、合成橡胶等三大合成材料。

天然气常和石油矿“住”在一起。天然气的主要成分是甲烷 CH_4，也是碳氢化合物，用作气体燃料和化工原料。

碳，是生命的基础。一切动物、植物体中的有机质，都是碳的化合物——蛋白质、油脂、淀粉、糖以及叶绿素、血红素、激素，都离不了碳。在工业上，碳的化合物也是非常重要的，像塑料、化学纤维、橡胶、香料、染料、制药等有机化学工业，绝大部分都是生产碳的化合物。

无机世界的“主角”——硅

硅，在稍微老一点的化学书上都写作矽。因为矽与锡同音，“二氧化矽”和“二氧化锡”读起来使人不易分辨，这样，我国化学界在1953年一致同意把矽改称为硅。但是我国台湾地区仍沿用矽。

如果说碳是有机世界的“主角”，那么，无机世界的“主角”该是硅了。硅是地壳中含量第二多的元素，占地壳总重量的26％，仅次于氧；而在地壳中，绝大部分硅是以二氧化硅 SiO_2 的形式存在的。据统计，二氧化硅占地壳总重量的87％，这也就是说，硅和氧这两种地壳含量最多的元素所形成的无机化合物，几乎“垄断”了地壳。重要的岩石，如长石类、辉石类、角闪石类和云母类，都含有二氧化硅（或以其他形式存在的硅的化合物）。沙子中也含有大量的二氧化硅。最纯净的二氧化硅要算石英了。具有六面角柱形，头上带有六面角锥的透明无色的石英结晶，便是水晶。水晶硬而透明，特别是能很好地透过紫外线，折光率大，在光学上具有重要用途。水晶眼镜，便是用水晶磨成的。水晶图章，美观而耐用。水晶中如含有一些杂质，则带有颜色，如紫水晶、烟水晶。在大自然中，大的水晶不多，最大的有一米多高。

所有的植物都含有硅，特别是马尾草和竹子中含硅最多。动物中含硅较少。海绵、鸟的羽毛、动物的毛发中含有硅。人体中含硅量约为万分之一。

人们早在远古时代便和硅的化合物打交道。但是，纯净的硅直到1811年才第一次被制得。到1823年，硅才被确定为化学元素。粉末状的纯硅，是棕褐色的，在空气中可燃烧变成二氧化硅。如果把粉末状硅溶解在熔化了的金属（如锌、镁、银）中，慢慢冷却，可制得以完整的八面体析出的结晶硅。结晶硅具有钢灰色的金属光泽，熔点为1414°C，具有显著的导电性。纯净的结晶硅（含硅量达99.9999%以上），是现在最重要的半导体材料之一，与锗Ge齐名。但是，随着提炼技术的改进，硅将会比锗更重要，因为硅的原料比锗要普遍易得。现在，我国已大量生产半导体硅。

硅和碱作用，能析出大量的氢气。制备1立方米的氢气只需0.63千克硅，如果改用金属的话，却需2.9千克的锌或2.7千克的铁。在工业上，用焦炭在电路中还原二氧化硅 SiO_2（石英）来制取纯硅。

纯硅的用途并不太广，最重要的硅的化合物是二氧化硅，它是重要的工业原料。玻璃工业每年消耗几百万吨的沙子，因为玻璃是用沙子（主要成分二氧化硅 SiO_2）、苏打（碳酸钠 Na_2CO_3）和石灰石（主要成分碳酸钙 $CaCO_3$）做原料熔炼成的。用纯二氧化硅——石英制成的石英玻璃，能耐高温，即使剧烈灼烧后立即浸到水里也不会破裂。由于石英玻璃能很好地透过紫外线，所以常用来制造光学仪器。纯净的玻璃是无色的。加入不同的化学元素，可使玻璃产生不同的颜色：电焊工人所戴的蓝色护目镜片，是加了氧化铈；加入氧化铁 Fe_2O_3，玻璃呈黄色；若加入氧化亚铁FeO，则变成红色；若加入极细的金粉Au、铜粉Cu或硒粉Se，玻璃呈红色；若加入极细的银粉Ag，则呈黄色。

黏土的主要成分是水化硅酸铝。黏土大量被用来和石灰石一起煅烧，制成水泥。黏土也被用来烧制砖、瓦等建筑材料。纯净的黏土——高岭土，是制造瓷器、陶器最重要的原料。玻璃、水泥、陶瓷、建筑材料等工业，均以硅为“主角”，被合称为“硅酸盐工业”。

硅和碳的化合物——碳化硅，俗称金刚砂，是无色的晶体，含有杂质时为钢灰色，它非常坚硬，硬度和金刚石相近。在工业上，常用金刚砂制造砂轮和磨石。它还很耐高温，用来做耐火的炉壁。

硅和氯的化合物——四氯化硅 $SiCl_4$，是无色的液体，很易挥发，在57℃就沸腾。在军事上用来做烟雾剂，因为它一遇水，便水解生成硅酸和氯化氢（$SiCl_4 + 3H_2O \longrightarrow H_2SiO_3 + 4HCl\uparrow$），产生极浓的白烟。特别是海战时，水蒸气多，烟雾更浓。四氯化硅的成本比白磷 P_4 低廉得多。

硅虽然是无机世界的“主角”，但是近年来，它在有机世界中也成为引人注目的角色——人们制成了一系列有机硅化合物。有机硅有个特性——憎水。一些药品瓶的内壁，如青霉素瓶，便常涂着一层有机硅。这样，在使用后瓶壁上就不会留有药液。巍然屹立在首都天安门广场上的人民英雄纪念碑，表面也涂着一层有机硅，这样可以防尘防潮，保护那精美的浮雕。有机硅塑料具有很好的绝缘性能，如果用它作为电动机的绝缘材料，可以使电动机的体积和重量都减少一半，而使用寿命却可以延长八倍多，并且在高温、潮湿的情况下都能使用。有机硅橡胶，在冰天雪地之中，或在烈日酷晒之下，都不龟裂、不老化，保持弹性，用它来制造汽车轮胎非常合适。

“硫黄”——硫

硫，俗称“硫黄”，是黄色的晶体。在自然界中，有天然的硫黄，所以人们早在古代便发现了硫。硫有股臭味，并且能杀菌。医生便常用硫黄膏给得了疥疮的人治病。一些火山附近，常有天然的硫黄矿。火山旁的温泉里，也常含有一些硫，一些患疥疮等皮肤病的人去温泉洗澡，有助于治好皮肤病。

在农业上，硫黄是重要的农药。不过，硫黄只能杀死它周围1毫米以内的害虫。因此，在使用时，人们不得不把它研得非常细，然后，均匀地喷洒到庄稼的叶子上。为了增强杀虫力，现在人们大都把硫黄和石灰混合，制成石灰硫黄混合剂。石灰硫黄混合剂是透明的樱红色溶液，常用来防止小麦锈病和杀死棉花红蜘蛛等。

在橡胶的生产中，硫有着特殊的用途。生橡胶受热易黏，受冷易脆，但加入少量硫黄后，由于硫黄能把橡胶分子连接在一起，起“交联剂”的作用，因此大大提高了橡胶的弹性，受热不黏，遇冷不脆。这个过程叫作“硫化处理”。

硫能燃烧，是制造黑色火药的三大原料（木炭粉、硝酸钾、硫黄）之一（$3C+2KNO_3+S \longrightarrow K_2S+N_2\uparrow+3CO_2\uparrow$）。我国是世界上最早发明黑色火药的国家。

不过，硫最重要的用途在于制造它的化合物——硫酸 H_2SO_4。硫酸，被人们誉为“化学工业之母”，很多化工厂及其他工厂都要用到硫酸。例如，炼钢、炼石油要用大量的硫酸进行酸洗；制造人造棉（粘胶纤维）要用硫酸做凝固剂；制造硫酸铵、过磷酸钙等化肥，也消耗大量硫酸；此外像染料、造纸、蓄电池等工业，以及药物、葡萄糖等的制造，都离不了硫酸。

硫酸是无色、透明的油状液体。浓硫酸具有极强的脱水性。你见过白糖变黑炭吗？你只要把浓硫酸倒进白糖里，白糖立即变成墨黑的了。这是因为白糖是碳水化合物，浓硫酸脱去了其中的水（氢、氧原子个数比以2∶1水的形式脱去），剩下来的当然是墨黑的炭了。不过，把浓硫酸用水冲稀时，千万要注意：应该是把浓硫酸慢慢倒入水中，而不能把水倒入浓硫酸中。这是因为浓硫酸稀释时，会放出大量的热，以至于会使水沸腾起来。水比浓硫酸轻得多，把它倒进浓硫酸中，它就会像油花浮在水面上似的浮在浓硫酸上面。这时，产生的高热能使水沸腾起来，很容易会使酸液四下飞溅，造成事故。硫酸是三大强酸之一，具有很强的酸性和腐蚀性。硫酸滴在衣服上，很快便会把衣服烧出一个洞。

硫酸，现在很少用硫黄做原料来制造，而使用硫的化合物——黄铁矿（二硫化铁 FeS_2）做原料。硫酸在工业上的制造方法有铅室法（制成浓度约为65%）。铅室法制成的硫酸浓度不可超过75%，若超过该浓度，硫酸会溶解铅表面的氧化膜——硫酸铅，使铅腐蚀。铅室法是较古老的制硫酸方法，从18世纪中叶开始使用，现已基本淘汰。塔室法（制成硫酸的浓度为75%—76%）和接触法（制成硫酸的浓度为93%、98%或105%）。硫酸是三氧化硫溶于水而制得的（$SO_3 + H_2O \longrightarrow H_2SO_4$）。三氧化硫还可溶于浓硫酸，故用接触法可制得105%浓度的浓硫酸，即在100%浓度的浓硫酸中还含有部分三氧化硫。

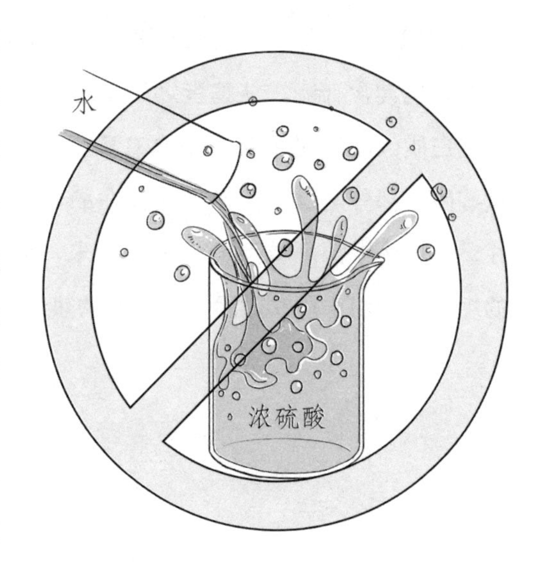

硫燃烧，形成蓝紫色火焰，并放出一股呛人的气体——二

氧化硫。黄铁矿燃烧后，也生成二氧化硫。二氧化硫经过进一步氧化，变成三氧化硫。三氧化硫溶解于水，就成了硫酸。二氧化硫具有一定的漂白作用。有这样一个化学魔术：把一束彩色花放在玻璃罩里，点燃硫黄，彩色花很快变成白花了。这就是由于硫燃烧，生成大量的二氧化硫，使彩色花褪色。现在，工业上常用二氧化硫做漂白剂，漂白不能用氯漂白的稻草、毛、丝。麦秆是金黄色的，用麦秆编成的草帽却是白色的，这草帽便是用二氧化硫熏过，漂成白色。

硫的另一重要化合物是硫化氢 H_2S。硫化氢是大名鼎鼎的臭气。粪便中有它，臭鸡蛋那臭味也是它在作怪。硫化氢对人体有毒，吸入含有千分之一的硫化氢的空气会使人中毒。如果浓度更大些时，会使人昏迷，甚至因呼吸麻痹而死亡。在工业上，硫化氢常被用来制造硫化物、硫化染料以及作为强还原剂。银器遇上硫化氢，会变成黑色的硫化银 Ag_2S。大气中常含有微量的硫化氢，这些硫化氢大都来自火山喷发的气体以及一些动植物腐烂后产生的气体。

硫是一种重要的非金属，它广泛存在于大自然，在地壳中的含量约为万分之六。除了天然的纯硫外，大自然中还有各种含硫矿物，如方铅矿（硫化铅 PbS）、黄铁矿（二硫化铁 FeS_2）、闪锌矿（硫化锌 ZnS）等。蛋白质中，也常含有硫。臭鸡蛋之所以会产生很臭的硫化氢，便是由于在鸡蛋的蛋白质（特别是蛋黄）中含有硫。另外，在煤中平均含硫 1%—1.5%，这些硫一部分是以黄铁矿形式存在的，另一部分则以有机化合物的形式存在。在煤块中常可看到金闪闪的粉末，那便是夹杂着的黄铁矿。含硫量高的煤，不能用来炼铁，因为它会使铁热脆。

“鬼火”——磷

磷，是德国汉堡的炼金家勃兰德在1669年发现的。磷的希腊文的原意就是“鬼火”。

游离态的纯磷有两种——白磷P_4（又叫黄磷）和红磷P（又叫赤磷）。虽然它们都是磷，可是，脾气却相差很远：白磷软绵绵的，用小刀都能切开，它的化学性质非常活泼，放在空气中，即使没点火，也会自燃起来，冒出一股浓烟——和氧气化合变成白色的五氧化二磷（$4P+5O_2 \longrightarrow 2P_2O_5$）。这样，平常人们总是把白磷浸在煤油或水里，让它跟氧气隔绝；红磷比白磷要老实得多，它不会自燃，要想点燃它，也得加热到100℃以上。白磷有剧毒，红磷对人却并无毒性。

白磷和红磷，可以变来变去：如果隔绝空气，把白磷加热到250℃，就会全部变成红磷；相反的，如果把红磷加热到很高的温度，它就会变成蒸气，遇冷凝为白磷。白磷和红磷，也是同素异形体。此外，磷的同素异形体还有紫磷和黑磷。黑磷是把白磷蒸气在高压下冷凝得到的。它的样子很像石墨，能导电。把黑磷加热到125℃则变成钢蓝色的紫磷。紫磷具有层状的结构。

人体里有很多磷，据测定，有1千克左右。不过，这许多磷既不是白磷，也不是红磷，而是以磷的化合物的形式存在于人体。骨头中含磷最多，因为骨头的主要化学成分便是磷酸钙$Ca_3(PO_4)_2$。人的脑子里，也有许多磷的化合物——磷脂。人的肌肉、神经中，也含有一些磷。动物骨头的主要成分，也是磷酸钙。在坟地或荒野，有时在夜里会看见绿幽幽或浅蓝色的“鬼火”。原来人、动物的尸体腐烂时，身体内所含的磷分解，变成一种叫作磷化氢PH_3的气体冒出；磷化氢有好多种，其中有一种叫“联膦”，

它和白磷一样，在空气中能自燃，发出淡绿或浅蓝色的光——这就是所谓的“鬼火”。

磷在工业上，被用来制造火柴。火柴盒的两侧，便涂着红磷。当你擦火柴时，火柴头和火柴盒摩擦生热，并从盒上沾了一些红磷。红磷受热着火，先点燃了火柴头上的药剂——三氧化二锑 Sb_2O_3 和氯酸钾 $KClO_3$，然后又点着了火柴梗。

磷还被用来制造磷酸 H_3PO_4。磷酸可以代替酵母菌，以比它快几倍的速度烤制面包；在优质的光学玻璃、纺织品的生产中，也要用到磷酸。把金属制品浸在磷酸和磷酸锰 $Mn_3(PO_4)_2$ 的溶液里，可以在金属表面形成一层坚硬的保护膜——磷化层，使金属不致生锈。

磷在军事上有个用处：把磷装在炮弹里可制成“烟雾弹”。在发射后，白磷燃烧生成大量白色的粉末——五氧化二磷，像浓雾一样，遮断了对方的视线。

磷的最大的用途还是在农业方面，因为磷是庄稼生长不可缺的元素之一。它是构成细胞核中核蛋白的重要物质。磷对于种子的成熟和根系的发育，起着重要的作用。在庄稼开花期间追施磷肥，往往能收到显著的增产效果。一旦缺乏磷，庄稼根系便不发达，叶呈紫色，结实迟，而且果实小。要长好庄稼，每年需要磷肥的数量是很大的。从哪儿获得这么多的磷肥呢?

在 20 世纪前，人们只能从鸟粪、鸡粪、骨灰中，获得一点儿磷。现在，化学工业帮助我们从石头——磷灰石中，成吨成吨地制取磷肥。这样，磷灰石被誉为“农业矿石”。最常见的磷肥，是过磷酸钙［俗称普钙，是 $Ca(H_2PO_4)_2$ 和 $CaSO_4$ 的混合物］，它是灰色的粉末。每 100 千克过磷酸钙中，含有 15 千克左右的磷。1 千克过磷酸钙所含的磷，相当于 30 千克到 100 千克厩肥，100 千克到 150 千克人粪尿或 140 千克到 200 千克紫云英绿肥中所含的磷。过磷酸钙常被制成颗粒肥料，同厩肥、堆肥等有机肥料混合，用作基肥。有时也用作追肥。此外，磷酸铵 $(NH_4)_3PO_4$ 也是常见的磷肥，它易溶于水，而且不仅含磷，还含氮。一种新磷肥——钙镁磷肥，它是用磷灰石、白云石、石英一起混合煅烧而成的，生产比较简易，便于推广。

顺便提一句，在稍旧一点的化学书上，常把磷写作“燐”。这是因为清末化学家徐寿最初从英文中把磷译为中文时，写作“燐”。后来，我国化学界统一化学名词，凡在常温下是固态的非金属部首一律写成“石”，如碘、砹、硫、碲、砷、硼、碳等，为统一起见，“燐”也就改写为“磷”了。

我国的丰产元素——硼

我国西藏的一些湖里，含有许多硼砂和硼酸。硼砂是硼最重要的化合物。在焊接金属时，人们便用硼砂净化金属表面。医院里也常用硼酸做消毒剂。硼砂在古代便已被阿拉伯的炼金家们所熟知，他们就是从我国西藏获得硼砂的。硼在国外常被列为稀有元素。然而，我国却有丰富的硼砂矿，硼在我国不是稀有元素，而是丰产元素！

虽然人们很早就和硼砂打上交道，然而，纯净的、游离态的硼，直到1808年才由英国的戴维、法国的盖-吕萨克和泰纳尔制得。纯净的硼是一种深棕色、铁锈般的粉末，和铝一起加热熔融，冷却后能得到大块的晶态硼。这些硼的晶体非常坚硬，和金刚石不相上下，而且又非常耐热，熔点为2075℃，它在机械工业上被用来代替昂贵的金刚石，制造切削工具和钻头。现在，人们是用铂丝通电加热溴化硼蒸气，在1500℃时溴化硼分解，得到纯硼。

游离态的硼用途不算太大。在工业上，往铝、铜、镍等金属中加入百万分之一的硼，可以改善这些金属的机械性能。硼砂的用途比游离态的硼要广得多，在工业上用来制造瓷器，特别是搪瓷的易熔釉药。硼砂也被用来制造各种耐热玻璃和作为肥皂的填充剂。

在分析化学上，硼砂有一个特殊的用途：用铂丝做成一个小圆圈，蘸一点硼砂，放在煤气或酒精灯上加热。硼砂一开始冒出一些小气泡——结晶水受热蒸发了，然后熔融成无色的液体。冷却后，成了无色透明的固体，就像一颗玻璃珠似的，牢牢地粘在铂丝做成的小圆圈上。如果你再用这铂丝蘸一点金属的氧化物放在灯上加热，冷却后，这小珠却被着上各种颜色。例如，蘸金属钴的氧化物，则小珠呈蓝色；蘸金属铬的氧化物，小珠为绿色；蘸铁的氧化物，小珠为黄色（热时为棕色）……在分析化学上，这叫作硼酸珠反应。利用硼酸珠的不同颜色，可以分析各种金属。现在，地质勘探工作者就常用这种硼酸珠反应，在野外分析所采集的金属矿物。因为这种化学分析方法极为简便，可以迅速判断样品的化学成分。

同样的，硼砂也常被用作除锈剂。因为硼砂在加热时，能熔解金属表面的氧化物——除锈。此外，在焰火中也用到硼砂，因为它受热后，会射出美丽的绿色光芒。

值得提到的是，硼砂逐渐成了农业上的重要角色——硼肥。人们发现，植物中硼的含量并不多，仅占植物干重的十万分之一到万分之一左右；然而，硼却是植物不可缺少的。如果土壤中缺少了硼，亚麻、大麻和苜蓿等植物，便会停止生长，甚至死亡。向日葵要是缺少硼，会瘪粒，含油量下降。甜菜要是缺少硼，会得干腐病——地下茎腐烂掉；缺少硼，豆科植物的根瘤发育也会受到影响。据研究，硼是植物生长不可缺少的微量元素之一，它对植物体内的糖类代谢起着很重要的调节作用。为了满足庄稼对硼的需要，人们就往田里施加适量的“硼肥”——硼砂。但硼肥的施用量必须合适，并不是越多越好；如果太多了，庄稼反而会被烧死，甚至连吃了这种庄稼叶的羊，也会得肠炎，这种肠炎在兽医学上称为“硼肠炎”。

如今，硼更添了一项重要的用途：“高能燃料”。人们用硼的金属化合物——硼化镁和酸类作用，制得了硼和氢的化合物——“硼烷”。硼烷有的是无色气体，有的是无色液体，也有的是白色晶体，通常具有恶臭和剧毒。这种硼氢化合物，在燃烧时能放出比一般物质多得多的热量。这样，硼烷立刻引起了各国科学家的注意。现在，硼烷已是主要的火箭燃料之一。

我国有丰富的硼矿。硼，正越来越发挥巨大的作用。

雄黄和砒霜里的元素——砷

按照我国民间习俗，人们常在酒中放些雄黄，喷洒在屋角墙角，用来杀菌、驱虫、驱蛇。

我国人民很早便知道雄黄了。在云南、广西、四川一带，盛产雄黄。雄黄，是橘黄色的粉末，不溶于水。按照化学成分来说，是四硫化砷。在古代，雄黄被我国的炼丹家用作炼制“长生丹”的原料，也用作黄色的颜料。除了雄黄外，还有一种人们不常听说的雌黄。雌黄也是鲜黄色的粉末，化学成分为三硫化二砷。雌黄和雄黄都是重要的砷矿，它们在大自然中共生在一起。在地壳中，砷的含量约为百万分之一。

纯净的砷，是德国炼丹家阿尔别尔特·玛卡诺斯在1250年制得的。砷，是灰色的晶体。它是非金属，却具有金属般的光泽，并善于传热导电，只是比较脆，易被捣成粉末。砷很容易挥发，加热到610℃，便可不经液态，直接升华，变成蒸气。砷蒸气具有一股难闻的大蒜臭味。

磷有白磷、红磷、黑磷、紫磷等同素异形体。砷也一样，除了灰色的砷以外，还有黑色无定形的砷和黄砷。黑砷加热到285℃时会变成灰砷；黄砷在暗处会发光，受到光线照射时，也很易变成灰砷。

砷不溶于水。在常温下，砷在空气中会缓慢地氧化，但是加热时，会迅速地燃烧，生成白色的亚砷酐——三氧化二砷，也有股大蒜的臭味。在高温下，砷还能和硫、氯、氟等元素直接化合。

纯砷的用途很有限。在铅中加入0.5%的砷，可增加铅的硬度，常用来铸造弹丸。

砷最重要的化合物是三氧化二砷，俗称砒霜。谁都知道，砒霜是剧烈的毒药。砷的化合物，都是有毒的。正因为这样，在古代，炼金家们用毒蛇作为代表砷的符号。

以前，在我国农村，特别是华北一带，每年下种以前，总是先往田里撒些“信谷”“信米”，来诱杀田里的蝼蛄、田鼠之类的害虫害兽。这“信谷”“信米”，其实就是用砒霜稀溶液浸过的谷子、小米。当田鼠、蝼蛄之类吃了“信谷”“信米”，很快就中毒死了。如果人畜因不慎而误中砷毒，可服用氧化镁和硫酸亚铁溶液强烈摇动而生成的新鲜的氢氧化亚铁悬浮液来解毒。

砷的其他化合物，如亚砷酸钠、亚砷酸钙、砷酸铅、砷酸钙、砷酸锰等，也都是常用的农药。亚砷酸钠对害虫有剧烈的胃毒作用，常用来配制毒饵，毒杀蝼蛄、地老虎、黏虫、蝗虫、蚂蚁等；亚砷酸钙常用来防治森林毛虫、草地螟、柞卷叶蛾、松叶蜂等咀嚼口器害虫；砷酸铅和砷酸钙，用来防治金龟子、棉卷叶虫、棉铃虫等食叶害虫；砷酸锰用来防治烟草、马铃薯或棉花上的一些害虫。

由于砷的化合物有剧毒，在制造这些含砷农药的工厂里，空气中的含砷量必须低于0.3毫克/米^3。

此外，雄黄在制革工业上，用作脱毛剂。砷的有机化合物，被称为“胂”；正如磷的有机化合物称为“膦”，氨的有机化合物称为“胺”。著名药剂“六〇六”，便是胂中的一种。

奇臭的液体——溴

溴的发现，曾有一段有趣的历史：1826 年，法国的一位青年波拉德，他在很起劲地研究海藻。当时人们已经知道海藻中含有很多碘，波拉德便在研究怎样从海藻中提取碘。他把海藻烧成灰，用热水浸取，再往里通进氯气，这时，就得到紫黑色的固体——碘的晶体。然而，奇怪的是，提取后的母液底部，总沉着一层深褐色的液体，这液体具有刺鼻的臭味。这件事引起了波拉德的注意，他立即着手详细地进行研究，最后终于证明，这深褐色的液体，是一种人们还未发现的新元素。波拉德把它命名为“滥”，“滥”的希腊文的原意就是“盐水”。波拉德把自己的发现通知了巴黎科学院。科学院把这新元素改称为“溴”，“溴”的希腊文的原意就是“臭”。

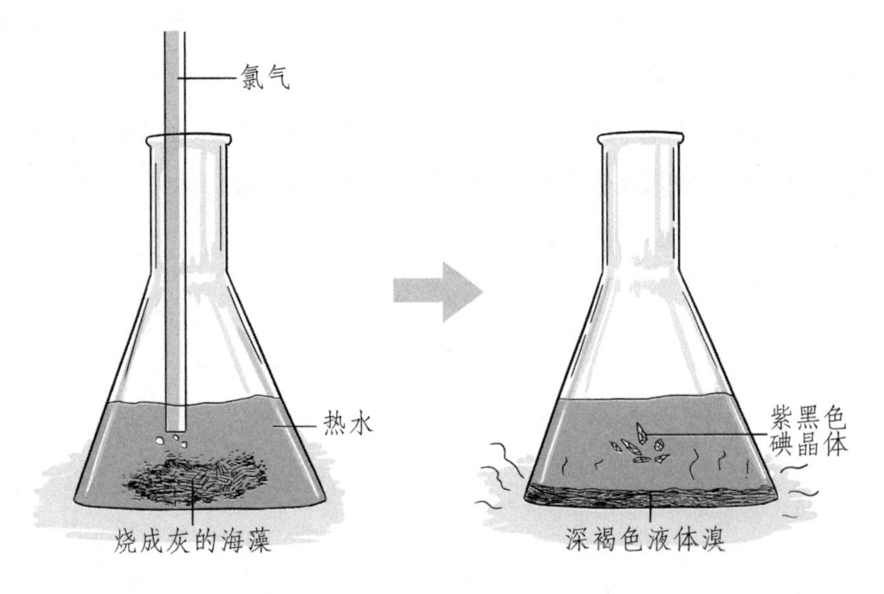

波拉德关于发现溴的论文——《海藻中的新元素》发表后，德国著名的化学家李比希非常仔细，几乎是逐字逐句进行推敲地读完了它。读完后，

李比希感到非常后悔，因为他在几年以前，也做过和波拉德相似的实验，看到过这一奇怪的现象，所不同的是，李比希没有深入地钻研下去。当时，他只凭空地断定，这深褐色的液体只不过是氯化碘 ICl——通氯气时，氯和碘形成的化合物。因此，他只是往瓶子上贴了一张“氯化碘”的标签就完了，从而失之交臂，没有发现这一新的元素。从这件事以后，李比希在科学研究工作中，变得踏实多了，在化学上做出了许多贡献。他把那张“氯化碘”的标签小心地从瓶子上取下来，挂在床头，作为教训，并常把它拿给朋友们看，希望朋友们也能从中吸取教训。后来，李比希在自传中谈到这件事时，这样写道：“从那以后除非有非常可靠的实验作根据，我再也不凭空地自造理论了。”

溴的发现史上的这一段故事，再一次证明了科学是老老实实的学问，从事科学研究一定要有严谨的态度。

在所有非金属元素中，溴是唯一的在常温下处于液态的元素。正因为这样，其他非金属元素的中文名称部首都是“气”（气态）或“石”（固态）旁的，如氧、碘，而只有溴是三点水旁的——液态。溴是深褐色的液体，比水重 2 倍多。溴的熔点为－7.3℃，沸点为 58.78℃。溴能溶于水，即所谓的“溴水”。溴更易溶解于一些有机溶剂，如三氯甲烷（即氯仿）、四氯化碳等。

溴在大自然中并不多，在地壳中的含量只有十万分之一左右，而且没有形成集中的矿层。海水中大约含有十万分之六的溴，含量并不高，自然，人们并不是从海水中直接提取，而是在晒盐场的盐卤或者制碱工业的废液中提取：往里通进氯气，用氯气把溴化物氧化，产生游离态的溴，再加入苯胺，使溴成三溴苯胺沉淀出来。

溴很易挥发。溴的蒸气是红棕色的，毒性很大，气味非常刺鼻，并且能刺激眼黏膜，使人不住地流泪。在军事上，溴便被装在催泪弹里，用作催泪剂。在保存溴时，为了防止溴的挥发，通常在盛溴的容器中加进一些硫酸。溴的密度很大，硫酸就像油浮在水面上一样地浮在溴的上面。

溴的最重要的化合物，要算是溴化银了。溴化银具有一个奇妙的特性——对光很敏感，受光照后便会分解。人们把溴化银和阿拉伯树胶制成乳剂涂在胶片上，制成“溴胶干片”。我们平常所用的照相胶卷、照相底片、印相纸，几乎都涂有一层溴化银。数码时代以前，照相消耗了大量的溴化银。1962 年全世界溴的化合物的产量已近 10 万吨，其中有将近 9 万吨被用于摄影。由于人们在溴化银中加入一些增敏剂，胶片的质量也不断得到了提高。人们已经能把曝光时间缩短到十万分之一秒以至百万分之一秒，拍下正在飞行中的子弹、火箭；人们也能在菜油灯或者火柴那样微弱的光线下，拍出清晰的照片。

生物学家们发现，人的神经系统对溴的化合物很敏感。在人体中注射少量溴的化合物后，神经便会逐渐被麻痹。这样，溴的化合物——溴化钾、溴化钠和溴化铵，在医学上便被用作镇静剂。通常，都是把这三种化合物混合在一起使用，配成的水溶液就是我们常听说的“三溴合剂”，压成片的便是常见的“三溴片”，是现在最重要的镇静剂之一。不过，溴化物主要从肾脏排泄出去，排泄比较慢，长期服用不太合适，容易造成中毒。

用溴和钨的化合物——溴化钨可以制造种种新光源。溴钨灯非常明亮而体积小，是电影摄影、舞台照明等常用光源。在高温时，碘钨灯中碘的蒸气是红色的，会吸收一部分光，影响发光效果，而溴蒸气在高温时是无色的，因此，溴已逐渐代替碘来制造卤化钨新光源。

在有机化学上，溴也很重要，像溴苯、溴仿、溴萘、溴乙烷都是常用的试剂。另外，在制造著名的汽油防震剂——四乙基铅时，也离不了溴，因为要合成四乙基铅，首先要制得中间产品——二溴乙烯。

紫色的元素——碘

碘，是法国巴黎的一位药剂师别尔恩加尔特·库尔图阿在1811年从海藻中发现的。纯净的碘，是紫黑色有光泽的片状晶体，它的希腊文的原意，便是“紫色的”。

碘是一个很有意思的元素：碘虽然是非金属，却闪耀着金属般的光泽；碘虽然是固体，却又很易升华，可以不经过液态而直接变为气态。人们常以为碘蒸气是紫红色的，其实不然，这是因为其中夹杂着空气的缘故，纯净的碘蒸气是深蓝色的。然而，碘的盐类的颜色，大部分倒和食盐一样——都是白色晶体，只有极少数例外，如碘化银是浅黄色，碘化铜闪耀着黄金般的色彩。碘，真是变化多端。

碘在大自然中很少，仅占地壳总重量的千万分之一。可是，由于碘很易升华，因此到处都有它的足迹：海水中有碘，岩石中有碘，甚至连最纯净的冰洲石、从宇宙空间掉下来的陨石、我们吃的葱、海里的鱼，都有微量的碘。海水中碘含量约为十万分之一，不过，海里倒有许多天然的“碘工厂”——海藻。它们从海水中吸收碘。据测定，海藻灰中约含有1%的碘。世界上也有一些比较集中的碘矿，含有较多的碘酸钠和过碘酸钠。智利硝石中，也含有一些碘化物。

碘能微溶于水，但更易溶解于一些有机溶剂。碘溶液的颜色有紫色、红色、褐色、深褐色，颜色越深，表明碘溶解得越多。碘酒，便是碘的酒精溶液，它的颜色那么深，便是因为碘很易溶解于酒精。碘酒能杀菌，常做皮肤消毒剂。涂了碘酒后，黄斑会逐渐消失，那是因为碘升华了，变成了蒸气，散失在空气中。

大量的碘对人来说，是有毒的，碘蒸气会剧烈地刺激眼、鼻黏膜，会使人中毒致死。然而，人却又不能缺乏少量的碘。在成年人体内，大约含有 20 毫克的碘，而其中约有一半是含在靠近喉头的甲状腺里。甲状腺是人体中很重要的器官，它分泌甲状腺素。一个人每年分泌约 3.5 克甲状腺素。碘是制造甲状腺素必不可缺的原料。缺少了碘，甲状腺素便不能正常分泌，人的脖子便会肿胀起来，发育不正常，得克山病或厚皮病。平常，人们大都是从海盐中吸取少量碘，因为海盐中总夹杂着少量的碘化钠或碘化钾。在我国西南山区，新中国成立前由于缺少海盐，缺乏碘，有些人患肿脖子病——甲状腺肿大。后来，在这些地方，卫生部门在岩盐中掺入少量碘化物，来消除这些缺碘症。

人们发现，在牛或猪的饲料中，加入少量的碘化物，能促进它们的发育。母鸡经常加喂少量碘化物，可使受精率提高 95%—99%。

另外，碘还有一个特殊的脾气——它和淀粉会形成一种复杂的蓝色化合物。当你用涂了碘酒的手去拿馒头时，手上立即会出现蓝斑。碘的这一脾气，在分析化学上得到了应用：著名的“碘定量法”，便是利用淀粉溶液来做指示剂。

利用碘和钨的化合物——碘化钨，可以制成碘钨灯。大家知道，普通的白炽灯泡中的灯丝是用钨做的。通电时，灯丝温度越高，发光效率也越高。但是，温度高了，钨丝就更易挥发，寿命也就缩短。在碘钨灯中，在钨丝上附着一层碘化钨。通电后，当灯丝温度高于 1400℃，碘化钨就受热分解，变成碘与钨。钨留在灯丝上，而碘是极易升华的元素，便立即充满整个灯管。当钨丝上的钨受热挥发，扩散到管壁上，若管壁温度高于 200℃，碘即与钨作用生成碘化钨。碘化钨扩散到灯丝，又受热分解，钨黏附于钨丝，而碘又升华到灯管各部分。如此循环不已，使钨丝保持原状，使用寿命很长。碘钨灯具有体积小、光色好、寿命长等优点。一支普通的碘钨灯管，比一支自来水笔还小，很轻便。通电后，射出白炽耀目的光芒。普通照明用的碘钨灯的使用寿命，可达 5000 小时左右。现在已经普遍应用碘钨灯，作为电影摄影、舞台、工厂、建筑物、广场的照明光源。红外线碘钨灯，则用于工厂的加热、烘干操作。另外，高色温碘钨灯则用于电子照相。

对光敏感的元素——硒

在北京西城，夜间，远远地便可以看见中国人民革命军事博物馆的尖顶上，闪耀着一颗醒目的红星。这红星上的红色玻璃，便是“硒玻璃”——在普通的无色玻璃中加入硒而制成的。北京展览馆顶上的红星，也是用硒玻璃做的。

这么说来，你一定会以为，硒是红色的。不错，硒是红色的单斜晶体。不过，并不是所有的硒，都是红色的，还有一种更常见、更稳定的硒，却是灰色的六方菱形晶体，闪耀着金属般的光泽，人们称之为金属硒或灰硒。红硒在受热后，会迅速变成灰硒。红硒（有两种：一种为红色单斜晶体，一种为无定形）和灰硒，是硒的同素异形体，正如石墨、金刚石和无定形碳是碳的同素异形体一样。红硒比灰硒轻。硒是非金属，很脆，导热本领差。灰硒的熔点为217℃。

灰硒最重要的特性是它具有典型的半导体性能，可用于无线电的检波和整流。在过去，人们大都是用氧化亚铜来制造整流器，但从第二次世界大战以后，硒整流几乎完全代替了氧化亚铜整流器，这是因为硒能很好经受超负荷，而且耐高温，电稳定性好，轻盈。

更奇妙的是，硒对光非常敏感。据测定，在充足的阳光照射下，硒的导电率比在黑暗时要增大1000倍！这样，硒被用来制造光敏电阻和光电管，在自动控制、电视等方面，有着广泛的用途。硒还被制成光电池。

硒的另一“主题”是玻璃工业。在常见的绿色玻璃（含氧化亚铁）中，加入适量的硒，可以消除绿色，使玻璃变成无色；加入过量的硒，便制成著名的红宝石玻璃——硒玻璃。十字路口的红灯，那红玻璃也是用硒玻璃做的。

在化学工业上，硒用作石油热裂的催化剂。在橡胶中加入少量的硒，可使橡胶的抗磨性提高 50%。染料工业也消耗不少的硒，如在硫化镉中加入硒，可制得橙色、黄色、褐色等染料，这种染料耐晒，耐热，十分稳定。含铬、锌等金属的硒染料，十分耐腐蚀。

在铸铁、不锈钢、铜合金中加入千分之三到千分之五的硒，可以提高它们的机械加工性能。

硒的化学性质和硫相似。硒在 250℃时，能和氢气化合，生成硒化氢。硒化氢具有近似硫化氢的恶臭。硒在空气中能燃烧，生成白色的二氧化硒细小晶体。二氧化硒溶于水，生成亚硒酸。亚硒酸经氧化剂氧化后，变成硒酸。硒酸并不很出名，但它比号称三大强酸之一的硫酸还厉害，甚至可以溶解黄金!

硒有毒，它的化合物通常有毒。硒的化合物掉在皮肤上，会产生斑疹。硒中毒后，人会感到特别痛，长期丧失嗅觉，不辨香臭。牛羊吃了含硒较多的牧草会掉毛、软蹄。

硒在地壳中含量并不太少，占一亿分之一，比锑、银、汞等高好几倍甚至几十倍，但是，它分布很散，很少有集中的矿物。硒一般以极少量存在于若干硫化矿内。平常，人们大都是从电解铜厂的阳极泥、硫酸厂的硫黄燃烧炉的烟道灰中提取硒。

硒是瑞典化学家柏齐利乌斯在 1817 年从硫酸厂的铅室泥中发现的。硒的希腊文原意是“月亮”，因为硒是继碲之后被发现的，而它的性能又似乎弱于碲，碲的希腊文原意是“地球”。

最重要的金属——铁

我国是世界上很早发明冶炼铸铁的国家之一。我国考古工作者曾发现公元前5世纪的铁器，但数量不很多；另外，还发现公元前3、4世纪的铁器，数量较多，而且冶铸水平较高。1950年，我国考古工作者曾在河南辉县固围村发掘战国时代的魏墓，发现铁制生产工具90多件，其中有铁犁、铁锄、铁镰刀、铁斧、铁链等。从这些实物可以推断，我国劳动人民早在近3000年前的周代，已会冶炼铸铁了。到了公元前4—前3世纪，我国铁器的使用便普遍起来。这说明我国使用铸铁的时间要比欧洲早1600年，是我国古代对世界冶金技术的伟大贡献。

自春秋以来，我国设有专门管理炼铁的“铁官”，也有专门经营炼铁的“铁商”。到了汉朝，我国已普遍用熟铁制造工具代替铸铁工具。到了唐朝，铁的年产量达1000多万斤。宋朝，铁的年产量达3000万斤以上。明朝，铁的年产量则高达9000万斤以上。明末宋应星著的《天工开物》一书，不仅对古代的炼铁技术做了详细的介绍，而且还画成了插图，做了形象的描绘。

铁在地壳中的储藏量为4.2%，就金属而论，仅次于铝，占第二位。据不完全统计，世界各国已查明的铁矿储量为2500亿吨以上。另外，还有5000亿吨属可利用的铁矿资源。在大自然中，纯净的金属铁很少——只有从天上掉下来的陨铁才几乎是纯铁（仅含一点点杂质镍Ni），绝大部分铁都是以化合物的状态存在：乌黑发亮、具有磁性的磁铁矿Fe_3O_4，紫红色的赤铁矿Fe_2O_3，棕黄色的褐铁矿$2Fe_2O_3 \cdot 3H_2O$，黑灰色的菱铁矿$FeCO_3$，金光闪闪的黄铁矿FeS_2。除了黄铁矿含硫太高，不适用于炼铁，一般只用作制造硫酸的原料外，磁铁矿等都是炼铁的原料。

纯净的铁是银白色的金属，富有延展性。不过，纯铁的机械强度不高，在工业上不很常用。通常所说的“钢铁”，这“钢”与“铁”是两回事。在工业上，铁分生铁、熟铁两种——生铁含碳1.7%—4.5%，熟铁含碳0.1%以下，而钢呢？含碳量在0.1%—1.7%之间。因此，生铁、钢、熟铁的不同，主要在于含碳量的不同。

随着含碳量的高低不同，生铁、钢、熟铁的性能大不相同，用途也不同：生铁很脆，一般是浇铸成型，所以又称“铸铁”，如铁锅、火炉等，在工业上用来制造机床的床身、蒸汽机和内燃机的汽缸等。它的成本比较低廉、耐磨，但没有延性和展性，不能锻打。熟铁所含杂质少，接近于纯铁，韧性强，可以锻打成型，所以又叫“锻铁”，如铁勺、锅铲等。钢的韧性好，机械强度又高，在工业上的用途最广。按含碳量的高低，分为3种碳素钢，即低碳钢（含碳低于0.25%），中碳钢（含碳在0.25%—0.6%之间），高碳钢（含碳0.6%以上）。含碳越多，钢的强度越大，硬度越高，但韧性、塑性越差。由于低碳钢的性能与熟铁近似，而成本比熟铁低得多，现在工业上大都用低碳钢代替熟铁，如制造铁丝、铆钉、白铁皮（镀锌Zn）、马口铁（镀锡Sn）等。碳素钢广泛地被用来制造各种机器零件，如齿轮、凸轮、螺帽、铁轨、钢筋等，以及日常生活中用的刀、手表壳、钢笔尖、针、剪刀等。另外，在钢中加入各种不同的金属或非金属，可以制成许多性能不同的合金钢。如含镍Ni 36%的镍钢几乎不因冷热而膨胀收缩，用来制造精密仪表零件；含钨W 18%的钨钢，即使已炽热，仍非常坚硬，用来制造高速切割的车刀；含少量钒V的钒钢，可使钢的弹性增加一倍，用来制造各种弹簧；含硅Si 2.5%的硅钢做成硅钢片，用作变压器的铁心，不仅可减少变压器发热现象，而且大量节约了电能。

在工业上，人们在高炉中把铁矿同焦炭、石灰石等混合在一起，在高温下炼制铁。焦炭作为燃料与还原剂，石灰石则用来除去铁矿中的杂质，如氧化硅、硫、磷等。从高炉中炼出来的是生铁。生铁还需放入转炉或平炉、电炉中，除去部分碳，炼制成钢。

比之铝、铜等金属，铁有一个很大的缺点，就是容易被锈蚀。纯铁虽是银白色的，但是日常所见的铁，表面总是布满褐色的铁锈。不过，铁在干燥的空气里，放几年也不会生锈；把铁放在煮沸的、干净的水里，也很久不会生锈。只有在潮湿的空气或溶有空气（使铁生锈主要是空气中的氧气）的水中，才易使铁生锈。铁锈，是钢铁的心腹大患。据统计，在1890年到1923年这33年之中，全世界生产的钢铁有40%因生锈而损失掉了！为了防锈，人们常在钢铁制品表面涂上油漆或镀上防锈金属。

最重要的铁的化合物是氧化铁 Fe_2O_3 和硫酸亚铁 $FeSO_4$。氧化铁是咖啡色的，常用的棕色颜料便是它（颜色深浅与粉末粗细有关）。氧与铁的化合物还有两种——氧化亚铁 FeO 是黑色的，而四氧化三铁 Fe_3O_4 也是黑色的，但表面闪着蓝光。时钟的针、发条表面常是黑中透蓝，便是表面经过“发蓝处理”——用化学方法使表面生成一层致密的四氧化三铁，可以防锈。至于硫酸亚铁，本是白色的粉末，但常见的硫酸亚铁晶体通常是浅绿色的，那是因为含有结晶水的缘故。所以，硫酸亚铁的俗名便叫“绿矾”。绿矾是十分重要的无机农药，也是制造蓝黑墨水的主要原料。

还有两种常见的铁盐：一种叫“黄血盐”，是黄色的晶体，化学成分为亚铁氰化钾 $K_4[Fe(CN)_6]$。黄血盐与铁离子 Fe^{3+} 作用生成蓝色的亚铁氰化铁 $Fe_4[Fe(CN)_6]_3$ 的蓝色沉淀，俗称普鲁士蓝，用作蓝色颜料。这个生成普鲁士蓝沉淀的反应，在分析化学上常用来鉴定铁离子。另一种叫“赤血盐”，是红色晶体，化学成分为铁氰化钾 $K_3[Fe(CN)_6]$。赤血盐与亚铁离子 Fe^{2+} 作用生成铁氰化亚铁 $Fe_3[Fe(CN)_6]_2$ 的蓝色沉淀，俗称滕氏蓝。这一反应，在分析化学上常用来鉴定亚铁离子。

一个成年人的血液中，大约含有3克铁，相当于一根小铁钉的重量。这些铁，有75%是存在于血红素中，因为铁原子是血红素的核心原子——这正如镁是叶绿素的核心原子一样。在器官中，含铁最多的是肝和脾。

植物，也离不了铁，因为铁是植物制造叶绿素时不可缺少的催化剂。

如果一盆花得不到铁，那么，花很快就失去那艳丽的颜色，失去那沁人肺腑的芳香，叶子也发黄枯萎。

缺Fe花会枯萎

铁矿附近的水、泥沼、池塘以及自来水管中，常繁殖着一种“铁菌”。它们把二价铁的化合物变成三价铁的化合物，形成厚厚的红棕色的氢氧化铁 $Fe(OH)_3$ 沉淀。

一般土壤中，含有不少铁的化合物。如红土壤中，便含有很多氧化铁。也有的土壤缺乏铁，就得施加“铁肥”——硫酸亚铁了。

地球上最多的金属——铝

许多人常常以为铁是地壳中最多的金属。其实，地壳中最多的金属是铝，其次才是铁，铝占整个地壳总重量的7.45%，差不多比铁多一倍！地球上到处都有铝的化合物，像普通的泥土中，便含有许多氧化铝 Al_2O_3。最重要的铝矿是明矾矿和铝土矿。我国有极为丰富的铝矿。

铝虽然藏量比铁多，但是，人们炼铝比炼铁晚得多。这是因为铝的化学性质比铁活泼，不易还原，因此从矿石中冶炼铝也就比较困难。这样，铝一向被称为“年轻的金属”。据世界化学史记载，金属铝是在1825年才被英国化学家戴维制得的。

现在，铝很普遍。然而，在100多年前，铝却被认为是一种稀罕的贵金属，价格比黄金还贵，以至被列为“稀有金属”之一。

其实，这是不足为奇的。因为铝的价值贵贱，完全取决于炼铝工业的水平。在100多年前，人们使用金属钠Na来制取铝。钠很贵，当然铝就更贵了。

直到19世纪末，人们发明了大量生产铝的新方法——在冰晶石和矾土（氧化铝）的熔融混合物中通入电流进行电解。这时，铝才开始走向大工业，走向生活的每一个角落。

铝，是银白色的轻金属（相对密度只有2.7）。人们常把铝叫作“钢精”。纯净的铝很软，可以压成很薄的箔，现在包糖果、香烟的“银纸”，其实大都是铝箔。纯铝的导电性很好，又轻盈，人们常用它来代替铜，制造电线，特别在远距离送电时，多用铝线来代替铜线，可以减少电线杆等设备。我国大力发展“以铝代铜”，攻克了“以铝代铜”的技术关键——铝的焊接技术，制成了各种马力的铝线电机，节约了大量的铜。纯铝也大量用于化学、半导体与电子学的研究及光学仪器的生产上。纯铝能很好地反射光线，所以探照灯的灯罩常常用纯铝做。

不过，纯铝太软了，平常人们总是往里加入少量的铜 Cu、镁 Mg、锰 Mn 等，制成坚硬的铝合金——“硬铝”。铝和铝合金美观、轻盈而又不易锈蚀，用途很广。例如前些年有人统计，一架飞机中约有 50 万个用铝做的铆钉！机身、机翼、机尾、螺旋桨、引擎也离不了铝和铝合金。据统计，铝和铝合金占飞机总重的 70%左右。如果火车的车皮都用铝做，重量将大大减轻，机车牵引效率也可提高。铝制的舰艇，不仅速度快，不被海水侵蚀，而且没有磁性，不为磁性水雷所发现，故在军事上十分重要。铝合金又可成为制造人造卫星、火箭的重要材料。此外，在运输部门，铝也被用来制造高速度的机车、桥梁、输油车的油罐以及船只和汽车中的某些零件；在建筑工业上，用铝做骨架、铝梁、空心铝壁板以及各种铝制构件。

铝是银白色的，可是铝制品使用没多久，表面常变得灰蒙蒙的，这是什么缘故呢？这便是铝生锈了。铝的表面与空气中的氧化合，生成一层薄薄的氧化膜——氧化铝。这层氧化铝非常致密，它紧紧地贴在铝的表面，防止里头的铝继续和氧化合。这层氧化铝不怕水浸，不怕火烧，熔点高达 2050℃，怪不得铝制品很难锈蚀，经久耐用。这层氧化铝甚至不怕硝酸的侵蚀，所以硝酸厂里常用铝罐来装浓硝酸。不过，这层氧化膜却怕碱，碱能溶解它，盐酸和硫酸也能溶解它。因此，铝制品不能用来盛碱性物质，脏了也不要用草木灰来擦，草木灰是碱性物质，用它擦铝制品，会缩短使用寿命的。另外，也不要把酸性的蔬菜等放在铝锅里过夜。

别看氧化铝薄膜那么灰蒙蒙的，自然界里坚硬而美丽的宝石——刚玉，也是氧化铝呢！它是一种晶态无水氧化铝。刚玉的硬度仅次于金刚石，常被用来制造金属制品的磨轮，手表里的轴承就装在这耐磨的刚玉上。常听人们谈起手表里的“钻数”，这钻数就是指表里刚玉的颗数。除手表外，天平、时钟、电流计、电压表里也要用到刚玉。现在，人们从铝土矿里提取纯净的白色氧化铝粉末，放在炽热的电炉里加热熔化，制取人造刚玉，它甚至比天然的刚玉还要坚硬。

电气工业的“主角”——铜

人类最早用石器制造工具，这个时期在历史上被称为“石器时代”。接着，人们发明了炼铜技术并用铜制造工具，这个时期在历史上被称为“铜器时代”或“红铜时代”。紧接着，人们又发明了炼制铜与锡的合金——青铜，大量用青铜制造工具，这个时期在历史上被称为“青铜时代”。铜，是人类在古代便发现了的重要的化学元素。

据章鸿钊《中国铜器铁器时代沿革考》考证，我国在炎黄之世，即公元前27世纪（距今近5000年）已开始使用铜器。我国早在黄帝的时候，便会铸青铜鼎了。夏禹时，用青铜铸造了9个很大的鼎。到了商代，冶铸青铜的技术已很发达了。著名的青铜祭器——“司母戊大鼎”，是我国考古工作者1939年在河南安阳武官村发掘出来的商代大鼎，高达133厘米，横为110厘米，宽78厘米，重875千克，内壁的一方有铭文“司母戊”三字。这样巨大的鼎，是世界少见的古代青铜器，也是我国3000多年前高度发达的炼铜技术水平的一个有力见证。

青铜的熔点比纯铜低，冶铸所需温度不太高，而且铸造性能比纯铜好，硬度大，所以它在古代比纯铜得到更普遍的应用。不过，由于铜矿、锡矿终究比较少，不能满足生产的大量需要。正如南朝江淹《铜剑赞序》中所说：“春秋迄于战国，战国迄于秦时，攻争纷乱，兵革互兴，铜既不克给，故以铁足之。铸铜既难，求铁甚易，故铜兵转少，铁兵转多。”随着生产的发展，铜与青铜逐渐被铁所代替，从而进入“铁器时代”。

纯净的铜是紫红色的金属，俗称“紫铜”“红铜”或“赤铜”。纯铜富有延展性。像一滴水那么大小的纯铜，可拉成长达2千米的细丝，或压延成比床还大的几乎透明的箔。纯铜最可贵的性质是导电性能非常好，在所有的金属中仅次于银。但铜比银便宜得多，因此成了电气工业的“主角”。纯铜的用途比纯铁广泛得多，每年有50%的铜被电解提纯为纯铜，用于电气工业。这里所说的纯铜，确实要非常纯，含铜达99.95%以上才行。极少量的杂质，特别是磷、砷、铝等，会大大降低铜的导电率。铜中含氧（炼铜时容易混入少量氧）对导电率影响很大，用于电气工业的铜一般都必须是无氧铜。另外，铅、锑、铋等杂质会使铜的结晶不能结合在一起，造成热脆，也会影响纯铜的加工。这种纯度很高的纯铜，一般用电解法精制：把不纯铜（即粗铜）做阳极，纯铜做阴极，以硫酸铜溶液为电解液。当电流通过后，阳极上不纯的铜逐渐溶解，纯铜便逐渐沉淀在阴极上。这样精制而得的铜，纯度可达99.99%。

铜有许多种合金，最常见的是黄铜、青铜与白铜。

黄铜是铜与锌的合金，因色黄而得名。不过，这“黄色”只是“一般来说”罢了。严格地讲，随着含锌量的不同，黄铜的颜色也不同。如含锌量为18%—20%时，呈红黄色；含锌20%—30%，呈棕黄色；含锌30%—42%，呈淡黄色；含锌42%，呈红色；含锌50%，呈金黄色；含锌60%，呈银白色。现在工业上所用的黄铜，一般含锌量在45%以下，所以常见的黄铜大都是黄色。黄铜中加入锌，可以提高机械强度和耐腐蚀性。我国很早就会制造黄铜，早在2000多年前的汉朝，便有不准使用“伪黄金”的法律，其实这“伪黄金”便是指黄铜，因为它外表很像黄金。至今，一些“金”字、“金”箔，便常是用黄铜做的。黄铜敲起来音响很好，因此锣、钹、铃、号都是用黄铜做的，甚至连风琴、口琴的簧片也用黄铜做。黄铜耐腐蚀性好，特别是锡黄铜，用来制造船舶零件。此外，在国防工业上，黄铜大量用于制造子弹壳与炮弹壳。

青铜是铜与锡的合金，因其氧化物色青而得名。我国古代使用青铜制镜。据文献记载，唐太宗曾说过：“人以铜为镜，可以正衣冠；以古为镜，可以见兴替；以人为镜，可以知得失。”这“以铜为镜”中的“镜”便是指青铜镜。青铜很耐磨，青铜轴承是工业上著名的“耐磨轴承”，纺纱机里便有许多青铜轴承。青铜还有个反常的特性——“热缩冷胀”，因此用来铸造塑像。

至于白铜，则是铜与镍的合金，因色白而得名。它银光闪闪，不易锈蚀，常用于制造精密仪器。

铜受潮，易生成绿色的“铜绿”——碱式碳酸铜，铜绿是有毒的，因此铜锅内壁常镀锡，以防生铜绿。

对于成年人来说，每天需吸收约5毫克的铜。如果进入人体的铜量不足，将会引起血红素减少，还会患贫血症。在人体中，铜主要聚集在肝脏以及其他组织的细胞中。瘤细胞中含铜量极少。孕妇的血液中，含铜量比一般人高一倍。植物同样需要少量的铜。铜化合物（如硫酸铜），是微量元素肥料——铜肥。铜肥施在沼泽地区，能显著提高作物产量。

据测定，在1千克干燥的谷物中，约含有5—14毫克铜；1千克豆类，含铜18—20毫克；瓜类为30毫克；面包为3—5毫克。在食物中，含铜量最多的是牛奶，以及章鱼、牡蛎等。

在大自然中，常见的铜矿是孔雀石。此外，黄铜矿和辉铜矿也是很重要的铜矿。在世界上，产铜较多的国家是赞比亚与智利。天然的纯铜，在大自然中不多。

虽然铜在某些方面逐渐被铝代替，但铜仍不失为一种重要的金属。据统计，现在工业上生产100万吨钢铁，大约需要生产1吨铜来配合。

重要的铜的化合物是硫酸铜与氧化铜。硫酸铜俗称“蓝矾”。不过，纯净的无水硫酸铜，并不是蓝色的，而是白色的粉末。含结晶水的硫酸铜，才是天蓝色的晶体。在化学上，常用无水硫酸铜来鉴别有机溶液中是否含水。例如，判断酒精是否是无水酒精，只需放进一点儿无水硫酸铜。如果硫酸铜变蓝了，就说明这酒精中含水。在农业上，硫酸铜是著名的无机农药，常将硫酸铜与石灰混合配制成波尔多液使用。硫酸铜主要用来杀菌，而不是杀虫。

氧化铜是黑色的粉末。所谓“氧化铜无机黏结剂”，就是把磷酸与氢氧化铝混合，加热制成甘油般的黏稠液体，然后倒到氧化铜粉末中，不断搅拌，调成黑色的“糨糊”。把这种黑“糨糊”涂在需黏结的金属表面，然后压紧，过两三天后，两块金属就紧紧地粘在一起了。氧化铜无机黏结剂能把金属与金属、陶瓷与陶瓷、金属与陶瓷牢牢地黏合。过去，刀具上的刀刃——硬质合金，是用焊接的方法焊上去，焊接时温度很高，往往会降低刀具的硬度，缩短使用寿命。改用氧化铜无机黏结剂黏合，不用加热，黏合很牢，使用寿命可延长一倍左右。用它黏结红宝石挤压器、弹簧夹片、玻璃仪器等效果也很好。氧化铜无机黏结剂成本低廉，只及铜焊成本的十分之一。

马口铁的“外衣”——锡

锡是大名鼎鼎的“五金”——金、银、铜、铁、锡之一。早在远古时代，人们便发现并使用锡了。在我国的一些古墓中，便常发掘到锡壶、锡烛台之类锡器。据考证，我国周朝时，锡器的使用已十分普遍了。在埃及的古墓中，也发现有锡制的日常用品。

在自然界中，锡很少以游离状态存在，因此就很少有纯净的金属锡。最重要的锡矿是锡石，化学成分为二氧化锡。炼锡比炼铜、炼铁、炼铝都容易，只要把锡石与木炭放在一起烧，木炭便会把锡从锡石中还原出来。很显然，古代的人们如果在有锡矿的地方烧篝火烤野物时，地上的锡石便会被木炭还原，银光闪闪的、熔化了的锡液便流了出来。正因为这样，锡很早就被人们发现了。

锡石被木炭还原成锡，熔化了的锡液便流了出来

我国有丰富的锡矿，特别是云南个旧，是世界闻名的“锡都”。此外，广西、广东、江西等地也都产锡。1800年，全世界锡的年产量仅4000吨，1900年为8.5万吨，1940年为25万吨，现在已超过30万吨。

锡是银白色的软金属，相对密度为7.3，熔点低，只有232℃，你把它放进煤球炉中，它便会熔成水银般的液体。锡很柔软，用小刀能切开它。锡的化学性质很稳定，在常温下不易被氧气氧化，所以它经常保持银闪闪的光泽。锡无毒，人们常把它镀在铜锅内壁，以防铜遇水生成有毒的铜绿。牙膏壳也常用锡做（牙膏壳是两层锡中央夹着一层铅做成的。现在我国已用铝代替锡制造牙膏壳）。焊锡，也含有锡，一般含锡61%，有的是铅锡各半，也有的是由90%铅、6%锡和4%锑组成。

锡在常温下富有展性。特别是在100℃时，它的展性非常好，可以展成极薄的锡箔。平常，人们便用锡箔包装香烟、糖果，以防受潮（现在我国已逐渐用铝箔代替锡箔。铝箔与锡箔很易分辨——锡箔比铝箔光亮得多）。不过，锡的延性却很差，一拉就断，不能拉成细丝。

其实，锡也只有在常温下富有展性，如果温度下降到13.2℃以下，它竟会逐渐变成煤灰般松散的粉末。特别是在－33℃或有红盐（$SnCl_4 \cdot 2NH_4Cl$）的酒精溶液存在时，这种变化的速度大大加快。一把好端端的锡壶，会“自动”变成一堆粉末。这种锡的“疾病”还会传染给其他“健康”的锡器，被称为“锡疫”。造成锡疫的原因，是锡的晶格发生了变化：在常温下，锡是正方晶系的晶体结构，叫作白锡。当你把一根锡条弯曲时，常可以听到一阵嚓嚓声，这便是因为正方晶系的白锡晶体间在弯曲时相互摩擦，发出了声音。在13.2℃以下，白锡转变成一种无定形的灰锡。于是，成块的锡便变成了一团粉末。

锡不仅怕冷，而且怕热。在161℃以上，白锡又转变成具有斜方晶系的晶体结构的斜方锡。斜方锡很脆，一敲就碎，展性很差，叫作“脆锡”。白锡、灰锡、脆锡，是锡的三种同素异形体。

由于锡怕冷，因此，在冬天要特别注意别使锡器受冻。有许多用锡焊接的铁器，也不能受冻。1912 年，国外的一支南极探险队去南极探险，所用的汽油桶都是用锡焊的，在南极的冰天雪地之中，焊锡变成粉末般的灰锡，汽油就都漏光了。

锡的化学性质稳定，不易被锈蚀。人们常把锡镀在铁皮外边，用来防止铁皮的锈蚀。这种穿了锡“衣服”的铁皮，就是大家熟知的“马口铁”。1 吨锡可以覆盖 7000 多平方米的铁皮，因此，马口铁很普遍，也很便宜。马口铁最大的“主顾”是罐头工业。如果注意保护，马口铁可使用 10 多年而保持不锈。但是，一旦不小心碰破了锡“衣服”，铁皮便很快被锈蚀，没多久，整张马口铁便布满红棕色的铁锈斑。所以，在使用马口铁时，应注意切勿使锡层破损，也不要让它受潮、受热。“马口铁”这名字，是由于它是从西藏阿里马口地方输入（英国经印度从马口输入）而得名的。

锡，也被大量用来制造锡铜合金——青铜。

锡与硫的化合物——硫化锡，它的颜色与金子相似，常用作金色颜料。

锡与氧的化合物为二氧化锡。锡于常温下，在空气中不被氧化，强热下，则变为二氧化锡。二氧化锡是不溶于水的白色粉末，可用于制造搪瓷、白釉与乳白玻璃。1970 年以来，人们把它用于防治空气污染——汽车废气中常含有有毒的一氧化碳气体，但在二氧化锡的催化下，在 300℃时，可大部分转化为二氧化碳。

锡和氯可形成两种化合物：

1. 二氯化锡（又称氯化亚锡），具有很强的还原能力，工业上常利用氯化亚锡使别种金属还原，是化学上常用的还原剂之一；在染料工业上，也可用作媒染剂。

2. 四氯化锡：在二氯化锡溶液里通入足量的氯气，便可得到四氯化锡。四氯化锡是沸点为114℃的无色液体。四氯化锡遇水蒸气就水解，冒出强烈的白烟，形成白色的浓雾，军事上把它装在炮弹里，制成烟雾弹。四氯化锡能与氯化铵化合，生成一种复盐（$SnCl_4 \cdot 2NH_4Cl$），是重要的媒染剂。

蓄电池的“主角”——铅

铅的“资格”够老的了，人们早在几千年前便已认识铅了。我国在商代末年纣王时便已会炼铅。古代的罗马人喜欢用铅做水管，而古代的荷兰人，则爱用它做屋顶。

铅是银白色的金属（与锡比较，铅略带一点浅蓝色），十分柔软，用指甲便能在它的表面划出痕迹。用铅在纸上一画，会留下一条黑道道。在古代，人们曾用铅做笔。“铅笔”这名字，便是从这儿来的。铅很重，1 立方米的铅重达 11.3 吨，古代欧洲的炼金家们便用旋转迟缓的土星来表示它，写作“h”。铅球那么沉，便是用铅做的。子弹的弹头也常灌有铅，因为如果太轻，在前进时受风力影响会改变方向。铅的熔点也很低，为 327℃，放在煤球炉里，也会熔化成铅水。

铅很容易生锈——氧化。铅经常是呈灰色的，就是由于它在空气中，很易被空气中的氧气氧化成灰黑色的氧化铅，使它的银白色的光泽渐渐变得暗淡无光。不过，这层氧化铅形成一层致密的薄膜，防止内部的铅进一步被氧化。也正因为这样，再加上铅的化学性质又比较稳定，所以铅不易被腐蚀。在化工厂里，常用铅来制造管道和反应罐。著名的制造硫酸的铅室法，便是因为在铅制的反应器中进行化学反应而得名的。

金属铅的重要用途是制造蓄电池。在蓄电池里，一块块灰黑色的负极都是用金属铅做的。正极上红棕色的粉末，也是铅的化合物——氧化铅。一个蓄电池，需用几十斤铅。飞机、汽车、拖拉机、坦克，都是用蓄电池作为照明光源。工厂、码头、车站所用的“电瓶车”，这“电瓶”便是蓄电池。广播站也要用许多蓄电池。

金属铅还有一个奇妙的本领——它能很好地阻挡 X 射线和放射性射线。

在医院里，大夫做 X 射线透视诊断时，胸前常有一块铅板保护着；在原子能反应堆工作的人员，也常穿着含有铅的大围裙。铅具有较好的导电性，被制成粗大的电缆，输送强大的电流。铅字是人们熟知的，书便是用铅字排版印成的，然而，“铅字”并不完全是铅做的，而是用活字合金浇铸成的。活字合金一般含有 5%—30%的锡和 10%—20%的锑，其余则是铅。加了锡，可降低熔点，便于浇铸。加了锑，可使铅字坚硬耐磨，特别是受冷会膨胀，使字迹清晰。

保险丝也是用铅合金做的，在焊锡中也含有铅。

铅的许多化合物，色彩缤纷，常用作颜料，如铬酸铅是黄色颜料，碘化铅是金色颜料（与硫化锡齐名）。至于碳酸铅，早在古代就被用作白色颜料。考古工作者发掘到的古代壁画或泥俑，其中人脸常是黑色的。经过化学分析和考证，这黑色的颜料便是铅的化合物——硫化铅。其实，古代涂上去的并不是黑色的硫化铅，而是白色的碳酸铅。只不过由于长期受空气中微量硫化氢或墓中尸体腐烂产生的硫化氢的作用，才逐渐变成了黑色的硫化铅。这一方面说明碳酸铅作为白色颜料的历史很悠久，另一方面也说明碳酸铅做白色颜料有很大的缺点——变黑。现在，我国已不用碳酸铅做白色颜料，而是用白色的二氧化钛——俗称“钛白”。铅的最重要的有机化合物是四乙基铅，常用作汽油的防爆剂。

铅和铅的化合物有毒。考古工作者在发掘罗马的古墓时，曾发现尸骨上常有一些黑斑。经化学分析，确定是硫化铅。骨头里怎么会有硫化铅呢？经考证，原来罗马人用铅管做自来水管。水中总溶有少量的氧气，它能与铅作用，生成微溶于水的氢氧化铅。这种自来水被喝进人体后，铅就会取代骨骼中的钙，积存于骨骼。久而久之，铅越积越多。人死后，尸体腐烂时产生硫化氢气体，与骨骼中的铅生成黑色的硫化铅。铅最易积累于人的牙床。这样，中了铅毒的人，牙床边缘便变成灰色。铅中毒使人腹痛，严重的会发展到神经错乱。正因为这样，用铅做茶壶、酒壶，是不适宜的。

在炼铅工厂中，要特别注意做好预防铅中毒的工作。

我国是世界上最早会炼铅的国家之一。我国著名的炼丹著作《周易参同契》中，便说："胡粉投火中，色坏还为铅。"据考证，胡粉即氧化铅。"投火中"后，氧化铅被碳还原成金属铅，于是"色坏"，从黄色"还为铅"。《周易参同契》是我国公元2世纪时魏伯阳的著作，可见我国很早便会炼铅了。不过，在我国古籍中，常把铅与锡并称而又互相混用。《管子》中说："上有陵石者下有铅锡。"《博物志》中说："烧铅锡成胡粉。"《太平寰宇记》中引《尔雅》说："锡之善者曰铅。"都是如此。这是由于铅与锡不仅都是易被碳还原的金属，几乎同时被人们发现，而且它们的外貌、性质十分类似，容易被混为一谈。

铅占地壳总原子数的十万分之一。在大自然中，最重要的铅矿是方铅矿。我国有丰富的铅矿。

热缩冷胀的金属——锑

我国是世界上锑矿最多的国家，也是世界上产锑最多的国家。我国的锑矿，分布在湖南、广东、广西、云南、贵州、四川等地，其中以湖南省新化县锡矿山的锑矿储量最大。早在明朝，新化当地的居民就发现山上有锑矿，不过，当时以为它是锡矿，因此便叫它为“锡矿山”，这名字一直沿用到今天。

最重要的锑矿是辉锑矿，有着锡一般的金属光泽，它的化学成分是三硫化二锑，含锑 20%以上。在工业上，人们用碳还原辉锑矿，制得金属锑。

锑，是银灰色的金属，很脆，易熔。除了常见的灰色的锑以外，还有黄色的黄锑、黑色的黑锑和很易爆炸的爆炸锑。不过，这三种锑的同素异形体都不很稳定：黄锑在－80℃以上，就很快变成黑锑，而黑锑加热就变成普通的灰锑；爆炸锑甚至用较硬的东西撞击，也会放出大量的热和火花，很快变成灰锑。

锑，大都用来与铅熔在一起，制成合金使用。加了锑的合金，叫作“硬铅”。我们平常遇到的许多“铅”做的东西，其实大都是用硬铅做的。例如铅蓄电池里的铅板，便是用硬铅做的。如果用纯铅做就太软了，放在汽车上，一颤动就容易变形。据试验，用硬铅制成铅板，比纯铅的使用寿命至少延长 15 倍！在化学工业上，一些耐强酸的材料，如铅管、反应罐，常用硬铅来铸造或做衬垫。制硫酸的“铅室法”，那铅室也是用硬铅做的。在第一次世界大战时，人们还曾用硬铅来制造在空中爆炸的榴霰弹。

锑有一个反常的特性——热缩冷胀。一般的物体都是热胀冷缩，然而，液态的锑在受冷凝固时，体积反而稍为膨胀。这样，人们在制造铅字时，便往铅字合金里加入一些锑。当熔化了的铅字合金浇入铜模里冷却凝固时，合金也就稍为膨胀，使每一个细小的笔画都十分清晰地凸出来。不仅如此，加入锑后，还能使铅字合金更为坚硬、耐磨，弥补了铅的一些不足之处。锑除了与铅制成合金外，还用来与其他金属制成合金。例如，含有 90%锡、7%锑、3%铜的巴必脱合金，含 90%锡和 10%锑的不列颠合金等，常用来制造轴承。

锑的化合物也有许多用途。在火柴工业上，用三硫化锑或五硫化锑做火柴盒的摩擦剂。在橡胶工业上，用五硫化二锑做着色剂。用五硫化二锑处理过的橡胶，具有特殊的红色。在医药上，锑用来制造许多药物，例如，治肺病、血吸虫病、黑热病等的一些特效药，都是锑的有机化合物。我国医药工作者研究制成了治疗血吸虫病的“锑剂”，为彻底消灭血吸虫病做出了贡献。另外，锑的一些化合物常用作颜料。在我国古代，锑的化合物早就用作化妆品和颜料。现在，锑的一些氧化物和硫化物，仍被大量用作颜料。硫化锑还是很好的半导体材料。

白铁皮的“外衣”——锌

我国是世界上最早发现并使用锌的国家。王琎在1922年对我国古钱的化学成分进行化学分析，证明其中含有锌。接着，章鸿钊于1923年对我国古代用锌问题进行专门研究，连续发表了《中国用锌的起源》及《再论中国用锌之起源》。他根据对我国古代文献的考证及对汉钱的分析，认为我国在汉初已知道用锌。

我国用锌是从炼制黄铜开始的。黄铜即铜锌合金。我国在汉朝时，便有过这样的法律——不准使用“伪黄金”。据考证，这“伪黄金”就是黄铜。在我国南北朝时的一些著作中，有“鍮石”一词。据考证，我国古代称黄铜为“鍮石”。在唐朝的一些文献中，则记载着用“炉甘石”（碳酸锌）炼制黄铜。《唐书·食货志》中说：“玄宗时天下炉九十九，每炉岁铸三千三百缗，黄铜二万一千二百斤。”明宋应星著的《天工开物》一书，便更具体、详细地记载了炼制黄铜的方法：“每红铜六斤，入倭铅四斤，先后入罐熔化，冷定取出，即成黄铜。”这里所说的“红铜”即铜，“倭铅”即锌。

我国炼制黄铜始于汉初，那么，炼制金属锌从什么时候开始的呢？据考证，至迟当在明朝。明《天工开物》一书“五金”一章，十分详细地讲述了如何用“炉甘石”升炼“倭铅”，亦即用碳酸锌炼制金属锌。炼锌要比炼铁、炼铜容易，因为锌的熔点只有419℃，沸点也不过907℃，况且锌又较易被还原。如果把锌矿石和焦炭放在一起，加热到1000℃以上，金属锌被焦炭从矿石中还原出来，并像开水一样沸腾起来，变成锌蒸气。再把这种蒸气冷凝，便可制得非常纯净而又漂亮的金属锌结晶。在过去，世界上都以为最早会炼制金属锌的是英国，因为英国在1739年公布了蒸馏法制金属锌的专利文献。其实，经过我国化学史工作者的考证，这个方法是英国人在1730年左右从中国学去的。据考证，在十六七世纪，我国制造纯度高达98%的金属锌，被以东印度公司为代表的西方殖民者从我国大量运至欧洲，后来，连我国炼锌的方法也被他们传至欧洲。至今，欧洲仍有人称锌为“荷兰锡”，这是因为东印度公司是由荷兰、英、法、葡萄牙等国开设的，锌的外表又酷似锡，那锌被称为“荷兰锡”便不言而喻了。实际上，这“荷兰锡”的真名应该是“中国锌”。

锌是银白色的金属。提水的小铁桶，常常用白铁皮制作，在白铁皮的表面有着冰花状的结晶，这就是锌的结晶体。在白铁皮上镀了锌，主要是为了防止铁被锈蚀。然而，奇怪的是，锌比铁却更易生锈：一块纯金属锌，放在空气里，表面很快就变成蓝灰色——生锈了。这是锌与氧气化合生成氧化锌的缘故。可是这层氧化锌却非常致密，它能严严实实地覆盖在锌的表面，保护里面的锌不再生锈。这样，锌就很难被腐蚀。正因为这样，人们便在白铁皮表面镀了一层锌防止铁生锈。每年，世界上所生产的锌，有40%被用于制造白铁皮，制成各种管子、桶等。

白铁皮要比马口铁耐用：马口铁碰破一点，很快会烂掉；可是白铁皮即使碰破一大块，也不容易被锈蚀。这是因为锌的化学性质比铁活泼，当外界的空气和水分向白铁皮“进攻”时，锌首先与氧气化合，而保护了铁的安全。不过，白铁皮要比马口铁贵。

金属锌除了用来制造白铁皮外，也用来制造干电池的外壳。不过制造干电池外壳的锌是较纯的。此外，锌也与铜制成铜锌合金——黄铜。

最重要的锌的化合物是氧化锌，俗名叫“锌白”，是著名的白色颜料，用来制造白色油漆等。在室温下氧化锌是白色的，受热后却会变成黄色，而再冷却时，又重新变成白色。现在，人们利用它的这个特点，制成“变色温度计”——用它颜色的变化来测量温度。

锌，还是植物生长所不可缺少的元素。硫酸锌是一种“微量元素肥料”。据测定，一般的植物里，大约含有百万分之一的锌，有些个别的植物含锌量却很高，如车前草含万分之一的锌，芹菜含万分之五的锌，而在某些谷类的灰中，竟有12％的锌。

人体中，也含锌在十万分之一以上。含锌最多的是牙齿（0.02％）和神经系统。有趣的是，鱼类在产卵期以前，几乎把身体中的锌，全部转移到鱼卵中去。

锌在地壳中的含量约为十万分之一。最常见的锌矿是闪耀着银灰色金属光泽的闪锌矿，它的化学成分是硫化锌。现在，工业上常用闪锌矿来炼锌。

顺便提一句，锌常被人误认为铅，如镀锌铁丝被误称为“铅丝”，镀锌的白铁皮被误称为“铅皮”，用白铁皮做成的桶被误称为“铅桶”，这是应该纠正过来的。

闪光灯中的金属——镁

夜晚，当摄影记者给盛大的集会拍照时，常伴随着“咔嚓、咔嚓”的响声和一道道夺目的闪光。这闪光，便是镁粉在燃烧。

镁，是英国化学家戴维在1808年用电解法首先发现的。它的希腊文名称的原意为“美格尼西亚”，因为希腊的美格尼西亚当时盛产一种名叫苦土的镁矿。镁与铝很相似，是银白色的轻金属，不过，它比铝更轻些，1立方米的镁仅重1.74吨，只有同体积铝重量的三分之二。镁十分坚硬，机械性能也不错。

与铝一样，镁在空气中，它的表面也会迅速地氧化而失去光泽，同时生成一层薄薄的氧化膜，这层氧化膜很稳定，能保护里面的金属不再氧化。当镁在空气中燃烧时，还会射出耀眼的亮光来，要是在纯氧中燃烧，那白光更是亮得炫目。因此，人们便用镁粉来制成闪光粉（镁粉与氯酸钾的混合物），供夜间摄影用。另外，人们也用镁粉来制成照明弹、焰火等。

不过，镁的最重要的用途是用来制造合金。

最常见的镁合金，是镁铝合金，它含有5％—30％的镁。镁铝合金，要比纯铝更坚硬，强度更大，而且比铝更容易加工与磨光；镁铝合金也格外轻盈，被大量用于飞机制造工业，成了重要的“国防金属”。在制造汽车及其他运输工具时，也常用到镁铝合金。人们新制成含9％钇、1％锌的镁合金，既轻盈又结实，用于制造直升机零件。此外，在铸铁中加入0.05％的镁，还能大大增加铸铁的延展性和抗裂性。

镁最重要的化合物是氧化镁和硫酸镁。

氧化镁熔点非常高，达2800℃，是很好的耐火材料。砌高炉用的“镁砖”，就含有许多氧化镁，它能耐得住2000℃以上的高温。氧化镁也被用来制造水泥，氧化镁水泥不仅是很好的建筑材料，而且还常用来制造磨石和砂轮。如果把木屑刨花之类浸在氧化镁水泥浆里，加以压力，硬化后便成了坚固耐用的纤维板。这种纤维板很轻，隔音、绝热的性能很好，又能耐火。

硫酸镁是著名的泻药，它是一种无色结晶物质，很容易溶于水，味道很苦。当病人口服后，在肠道内它很难被吸收，但由于渗透压的关系，在肠内留有大量的水分，使肠容积增加，于是机械地刺激肌壁，引起排便。服用硫酸镁是较安全的，但剂量也要有一定限制，成年人每次服用15—30克。硫酸镁也被用在纺织工业和造纸工业中。

在生物学上，镁极为重要。因为它是叶绿素分子中的核心原子——在镁原子的周围，围着许许多多氢原子、氧原子等，这些原子一起组成叶绿素分子。在叶绿素中，镁的含量达2%。要是没有镁，就没有叶绿素，也没有绿色植物，没有粮食和青菜了。据估计，在全世界的植物体中，镁的含量高达100亿吨。在土壤中施镁肥，可以显著地提高产量，尤其是甜菜产量。

在大自然中，镁是分布很广的元素之一。在地壳中，镁的含量约为千分之十四。主要的镁矿有白云石、菱镁矿等。在石棉、滑石、海泡石中也都含有镁。特别在海水中，镁的含量仅次于钠。据计算，在全世界海水中，镁的含量高达6×10^{16}吨。现在，人们便是从海水中提取镁。

白铜里的金属——镍

镍，一直被认为是瑞典矿物学家克朗斯塔特在1751年首先发现的。然而，实际上我国是最早知道镍的国家。据考证，我国早在克朗斯塔特前1800多年的西汉（公元前1世纪），便已懂得用镍与铜来制造合金——白铜。我国古代把白铜称为“鋈”。我国古代还用白铜制造墨盒、烛台、盘子等。明朝李时珍著的《本草纲目》和宋应星著的《天工开物》中，则更有详细的关于用砒矿炼白铜的记载。这种云南出产的砒矿，即现在矿物学上所说的“砒镍矿”。1929年，王琎曾分析过我国古代一白铜文具的化学成分，证明其中含有6.14%镍、62.5%铜以及少量锡、锌、铁、铅等。

我国古代制造的白铜器件，不仅销于国内各地，还远销国外。据考证，在秦汉时，新疆西边的大夏国，便有白铜铸造的货币，含镍达20%，而从其形状、成分及当时历史条件等分析，很可能是从我国运去的。至今，波斯（伊朗一带）语、阿拉伯语中，还把白铜称为“中国石”，可见我国古代白铜曾远销亚洲西部一带地区。到了十七八世纪，东印度公司则更是从我国广州购买各种白铜器件，运销至德国、瑞典等欧洲国家。过去有人把白铜称为“德银”，其实那完全是弄颠倒了——那是德国人在17、18世纪从中国学会了炼白铜的技术，大量进行仿造，以致使一些人误以为白铜是德国发明的。同样的，据考证，中国炼制白铜的技术在当时也传入瑞典，这使一些人认为镍是瑞典克朗斯塔特首先发现的。

镍是银白色的金属，很硬，难熔，熔点高达1455℃，比黄金还高。镍在空气中不易被氧化，化学性质很稳定，仅易溶于硝酸。镍的性能，在很多方面都超过了铜，然而奇怪的是，镍的希腊文原意竟是“不中用的铜”，这大抵是最初炼得的镍不纯，含有许多杂质的缘故。

在大自然中，最主要的镍矿是红镍矿（砷化镍）与辉砷镍矿（硫砷化镍）。此外还有镍黄铁矿（硫铁化镍）和针硫镍矿（硫化镍）。古巴，是世界上最著名的蕴藏镍矿的国家。在多米尼加也有大量的镍矿。有趣的是，“天外来客”——陨石，常含一些镍（主要是铁）。据推测，在地心也存在较多的镍。

纯镍银光闪闪，不易锈蚀，主要用于电镀工业。自来水笔笔插、外科手术器械等银光闪闪，便是因为表面镀了一层镍（也有的是镀铬），既美观、干净，又不易锈蚀。极细的镍粉，在化学工业上常用作催化剂，如油类的氢化。

镍大量用于制造各种合金：在钢中加入镍，可提高机械强度。如钢中含镍量从 2.94%增加到 7.04%时，抗拉强度便由 52.2 千克/毫米^2 增加到 73.8 千克/毫米^2。镍钢用来制造机器承受较大压力、承受冲击和往复负荷部分的零件，如涡轮叶片、曲轴、连杆等。含镍 36%、含碳 0.3%—0.5%的镍钢，叫“不变钢”（又叫“因瓦”钢）。它的膨胀系数非常小，几乎不热胀冷缩，用来制造各种精密机械、精确量规，如钟表零件、各种测量仪器的刻度标等。含镍 46%、含碳 0.15%的高镍钢，叫“类铂”，因为它的膨胀系数与铂、玻璃类似。这种高镍钢可熔焊到玻璃中，在灯泡的生产上很重要，用作白热电灯泡中铂丝的代用品。一些精密的透镜框，也用这种类铂钢做，因为它的膨胀系数与玻璃差不多，透镜不会因热胀冷缩而从框中掉出来。由 68%镍、28%铜、2.5%铁、1.5%锰组成的合金，化学性质很稳定，用来制造化工仪表。由 67.5%镍、16%铁、15%铬、1.5%锰组成的合金，具有很大的电阻，用来制造各种变阻器与电热器。镍具有磁性，能像铁一样被吸铁石吸引，而用铝、钴与镍制成的合金，磁性会更强。这种合金受到电磁铁吸引时，不仅自己会被吸过去，而且在它下面吊了比它重

60倍的东西，也不会掉下来。这样，可用它来制造电磁起重机。此外，镍还经常与铬一起，用来制造耐腐蚀的铬镍钢。

镍的盐类大都是绿色的。氢氧化镍是棕黑色的，氧化镍则是灰黑色的。氧化镍常用来制造铁镍碱性蓄电池。

金属的“贵族”——金

金，是人类最早发现的金属之一，比铜、锡、铅、铁、锌都早。1964年，我国考古工作者在陕西省临潼县秦代栎阳宫遗址里发现8块战国时代的金饼，含金达99%以上，距今也已有2000多年的历史了。在古埃及，也很早就发现金。

金之所以那么早就被人们发现，主要是由于在大自然中金矿就是纯金（也有极少数是碲化金），再加上金子金光灿烂，很容易被人们找到。在古代，欧洲的炼丹家们用太阳来表示金，因为金子像太阳一样，闪耀着金色的光辉。在我国古代，则用黄金、白银、赤铜、青铅、黑铁这样的名字，鲜明地区别各种金属在外观上的不同。

不过，虽然说金的自然状态大都是游离状的纯金，但自然界中的纯金却很少是真正纯净的，它们大都含金达99%以上，但总含有少量银，另外还含有微量的钯、铂、汞、铜、铅等。

金在地壳中的含量大约是一百亿分之五。这数字，比之于铝、铁之类金属，当然算少，但比许多稀有金属的含量却多得多了。在海水中，约含有十亿分之五的黄金。也就是说，在1立方千米的海水中，含有5吨金！另外，据光谱分析，在太阳周围灼热的蒸气里也有金，来自宇宙的“使者”——陨石，也含有微量的金，这表明其他天体上同样有金。

金在地壳中的含量虽然还不算是太少，但是非常分散。在自然界中，金常以颗粒状存在于沙砾中或以微粒状分散于岩石中。

金很重。1立方米的水只重1吨，而同体积的金却达19.3吨重！人们利用金与沙相对密度的悬殊，用水冲洗含金的沙，这就是所谓的“沙中淘金”。人们发现含有氰化物的水能溶解金，生成溶于水的 $NaAu(CN)_2$，于是采用0.03％—0.08％的氰化钠溶液冲洗金沙，使金溶解，然后把所得的溶液用锌处理，锌就把金置换出来，于是制得金。这种化学的“沙里淘金”法，大大提高了淘金的效率。不过，氰化物有剧毒，在生产时必须严格采取安全措施。现在，只要沙中含有千万分之三或岩石中含有十万分之一的金，都已成了值得开采的金矿了。

金是金属中最富有延展性的一种。1克金可以拉成长达4000米的金丝。金也可以捶成比纸还薄很多的金箔，厚度只有1厘米的五十万分之一，看上去几乎透明，带点绿色或蓝色，而不是金黄色。金很柔软，容易加工，用指甲都可以在它的表面划出痕迹。

真金不怕火炼

俗话说：“真金不怕火炼”，“烈火见真金”。这一方面是说明金的熔点较高，达1063℃，火不易烧熔它；另一方面也是说明，金的化学性质非常稳定。古代的金器到现在已几千年了，仍是金光闪闪。把金放在盐酸、硫酸或硝酸（单独的酸）中，它也安然无恙，不会被侵蚀。不过，由三份盐酸、一份硝酸（按体积计算）混合组成的“王水”，能溶解金。溶解后，蒸干溶液，可得到美丽的黄色针状晶体——“氢金氯铬酸”。另外，上面已提到，氰化物的溶液能溶解金。硒酸（或碲酸）与硫酸（或磷酸）的混合物，也能溶解金。在高温下，氟、氯、溴等元素能与金化合生成卤化物，但温度再高些，卤化物又重新分解。熔融的硝酸钠、氢氧化钠能与金化合。

过去，黄金成了金属中的“贵族”——主要被用作货币、装饰品。由于黄金硬度不高，容易被磨损，一般不作为流通货币。现在，随着生产的发展，黄金已成了工业原料。例如，自来水笔的金笔尖上常写着“14K”或“14 开”的字样，便是说在制造金笔尖的 24 份（重量）的合金中，有 14 份是金。一些电子计算机的集成电路中，也有用金丝做导线的。此外，一些重要书籍的精装本封面上的金字，便是用金粉印上去的（一般书的金字常用电化铝或黄铜粉代替）。如果把极细的金粉掺到玻璃中，可以制得著名的红色玻璃——“金红玻璃”（含金量为十万分之一到万分之三）。

月亮般的金属——银

银，永远闪耀着月亮般的光辉，银的梵文原意，就是“明亮”。我国也常用银字来形容白而有光泽的东西，如银河、银杏、银鱼、银耳、银幕等。

我国古代常把银与金铜并列，称为“唯金三品”。《尚书·禹贡》便记载着“唯金三品”，可见我国早在3000多年前便发现了银。在大自然中，银常以纯银的形式存在，人们便曾找到一块重达13.5吨的纯银！另外，也有银以氯化物与硫化物的形式存在，常同铅、铜、锑、砷等矿石共生在一起。

银的导电本领，在金属中数第一。一些袖珍无线电设备中用银做导线。银也很富有延展性。

我国内蒙古一带的牧民，常用银碗盛马奶，可以使马奶长期保存而不变酸。据研究，这是由于有极少量的银以银离子的形式溶于水。银离子能杀菌，每升水中只消含有一千亿分之二克的银离子，便足以使大多数细菌死亡。古埃及人在2000多年前，便已知道把银片覆盖在伤口上，进行杀菌。现代，人们用银丝织成银“纱布”，包扎伤口，用来医治某些皮肤创伤或难治的溃疡。

银不会与氧气直接化合，化学性质十分稳定。奇怪的是，1902年2月，在北美洲古巴附近的马提尼克岛上，银器在几天之内都发黑了。后来查明，原来火山爆发了，火山喷出的气体中含有少量硫化氢，它与银作用生成黑色的硫化银。平常，空气中也含有微量的硫化氢，因此，银器在空气中放久了，表面也会渐渐变暗，发黑。另外，空气中夹杂着微量的臭氧，它也能和银直接作用，生成黑色的氧化银。正因为这样，古代的银器到了现在，表面不像古金器那么明亮。不过，含有30%钯的银钯合金，遇硫化氢不发黑，常被用来制作假牙及装饰品。

银在稀盐酸或稀硫酸中，不会被腐蚀。但是，热的浓硫酸、浓盐酸能溶解银。至于硝酸，更能溶解银。不过，银能耐碱，所以在化学实验室中，熔融氢氧化钾或氢氧化钠时，常用银坩埚。

银与金一样，也是金属中的“贵族”，被称为“贵金属”，过去只被用作货币与制作装饰品。现在，银在工业上有了三项重要的用途：电镀、制镜与摄影。

在一些容易锈蚀的金属表面镀上一层银，可以延长使用寿命，而且美观。镀银时，以银为正极，工件为负极，不过，不能直接用硝酸银溶液作为电解液，因为这样银离子的浓度太高，电镀速度快，银沉积快，镀上去的银很松，容易成片脱落。一般在电解液中加入氰化物，由于氰离子能与银离子形成络合物，降低了溶液中银离子的浓度，降低了负极银的沉积速度，提高了电镀质量。随着银的析出，电解液中银离子浓度下降，这时银氰络离子不断解离，源源不断地把银离子输送到溶液中，使溶液中的银离子始终保持一定的浓度。不过，氰化物有剧毒，是个很大缺点。

玻璃镜银光闪闪，那背面也均匀地镀着一层银。不过，这银可不是用电镀法镀上去的，而是用“银镜反应”镀上去的：把硝酸银的氨溶液与葡萄糖溶液倒在一起，葡萄糖是一种还原剂（现在制镜厂也有用甲醛、氯化亚铁做还原剂），它能把硝酸银中的银还原成金属银，沉淀在玻璃上，于是便制成了镜子。热水瓶胆也银光闪闪，同样是镀了银。

银在制造摄影所用的感光材料方面，具有特别重要的意义。因为照相纸、胶卷上涂着的感光剂，都是银的化合物——氯化银或溴化银。这些银化合物对光很敏感。一受光照，它们马上分解了。光线强的地方分解得多，光线弱的地方分解得少。不过，这时的“像”还只是隐约可见，必须经过显影，才使它明朗化并稳定下来。显影后，再经过定影，去掉底片上未感光的多余的氯化银或溴化银。底片上的像，与实景相反，叫作负片——光线强的地方，氯化银或溴化银分解得多，黑色深（底片上黑色的东西就是极细的金属银)，而光线弱的地方反而显得白一些。在洗照片时，相片的黑白与负片相反，于是便与实景的色调一致了。现代摄影技术已能在微弱的火柴光下，在几十分之一到几百分之一秒中拍出非常清晰的照片。在数码摄影兴起之前，全世界每年用于电影与摄影事业的银，已达150吨。

银的最重要的化合物是硝酸银。在医疗上，常用硝酸银的水溶液做眼药水，因为银离子能强烈地杀死病菌。

奇妙的催化剂——铂

铂的俗名叫“白金”，在化学上把两个字并成了一个字——铂。

铂是银白色的金属，它的西班牙文原意便是银。铂在大自然中和金子一样，常以纯金属的形式存在于沙粒中，但由于很少，直到1748年才被西班牙科学家安东尼奥·乌洛阿在平托河金矿中发现。2015年，全世界铂的年产量，也只有85吨。人们还曾在大自然中找到重达9.6千克的铂块。铂很重，1立方米的铂重达21.4吨，如果按体积来计算，全世界每年生产的铂还不到1立方米呢！

铂具有很高的化学稳定性，在空气中，加热到发红，也不会生锈。除了王水外，盐酸、硫酸、硝酸都不能单独腐蚀它（王水是盐酸和硝酸的混合物）。铂具有很好的延展性，可以轧成只有0.0025毫米厚的铂箔。20张这样薄的铂箔叠在一起，也只有一页纸那么厚。铂又很耐高温，熔点高达1773.5℃。这样，在化学上常用它制造各种反应器皿（蒸发皿、坩埚）以及电极、铂板、铂网等。不过，在高温下，铂也能和一些物质化合，因此，在使用铂器皿时要注意勿和王水、氯水、氯化铁、一氧化碳等接触。

铂最可贵的性质，在于它能加速许多化学反应的速度。这样，粉末状的铂，常被用作催化剂。例如，在一空瓶中装了氢气和氧气，在平常的情况下，即使放上多少年，它们也是不会相互化合的。然而，只要放一点铂粉，立即会爆发一声巨响，瓶子里闪耀着火花——氢气和氧气猛烈化合成水。而铂在反应后，还是原样的，没发生什么化学变化。

铂竟然还有火柴的作用：本来，煤气灯都是用火柴来点着的，然而，如果在煤气灯口放一块铂，虽然铂是冷的，煤气也是冷的，可是，过了12分钟，铂块居然发红了，煤气灯也点着了。这道理也和上面的实验一样：

煤气和空气中的氧气在常温下很难直接化合，但有了铂做催化剂以后，它们便能直接化合，放出大量的热，使铂块发红，最后把煤气灯点着。

铂不仅能催化许多化合反应，还能加速许多分解反应。例如，双氧水是大夫常给病人消毒用的药水，平常像水一样，仅撒进一点点铂粉，立即白浪翻滚，分解出大量的氧气。因此，铂现在成了化学工业上重要的催化剂。

在高温下，1 体积的铂可溶解 1000 体积的氢气。这样，铂常被用作气体的载体。

水一样的银子——汞

80多种金属，在常温下绝大部分都是固态，唯有汞是液态。因此，在中文中绝大部分金属的部首都是写成“金”旁，如锌、钙、镍、铁等，而只有汞字的部首是“水”。

汞，我国俗名叫水银，如李时珍在《本草纲目》中便说：“其状如水、似银，故名水银。”汞的希腊文的原意也是“液态的银”。汞的熔点为−39.3℃，直到357℃才沸腾，因此在常温下总是呈液态。人们很早就知道汞了。我国在3000多年前，便已利用汞的化合物来做药剂医治癞痢。希腊著名哲学家亚里士多德，在公元前350年也在自己的作品中描写过汞。古代的炼金家们常常想用普通金属制造金子、银子，汞便是最常被用来炼金的一种。

汞是非常重的液体：1立方米的汞重达13.6吨。汞的内聚力又大，在平整的表面上，会散成一粒粒银珠，犹如荷叶上滚动着的水珠。古希腊的炼金家们曾用土星的符号来表示汞，因为土星又重又圆，有点像汞珠。

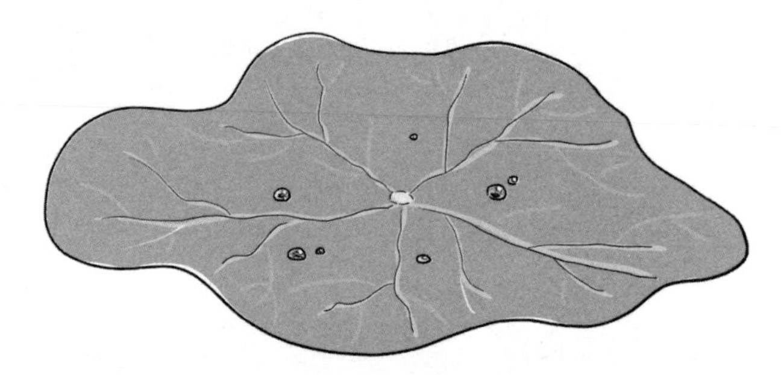

汞被称为“金属的溶剂”，因为它能溶解许多金属，形成柔软的合金——“汞齐”（希腊文的原意便是“柔软的物体”）。不光是锌、铅等很易被汞溶解，金、银也都能被汞溶解！正因为这样，在19世纪，人们便曾用汞从沙中溶解金，以提取金。钠溶解于汞，得钠汞齐，钠汞齐是有机化学上常用的还原剂。锌汞齐则是在稀硫酸中常用的还原剂。用汞溶解银锡合金，得银锡汞齐，银锡汞齐能在很短的时间内变硬，常用来补牙。铁不溶于汞，不生成汞齐，所以汞通常是装在铁罐中。

汞有着广泛的用途：气压表、压力计、温度计、真空泵、日光灯、汞整流器等，都用到汞。如果在汞中加入8.5%的铊，形成铊汞齐，凝固点可低至-60℃，比纯汞更低，被用来制造低温温度计。日光灯管中，装着汞蒸气，这是因为汞蒸气在电场的激发下会射出紫外线来，照射到玻璃壁上那白色的涂料——硫化锌上，使它产生白色的冷光——也就是日光灯的“日光”。

汞是有毒的。在工厂中，总是在汞的表面上倒一层水，防止汞蒸发。如果不慎将盛汞的罐打翻了，应立即把地上的汞滴收拾起来，或者撒上硫黄粉，使汞变成硫化汞，这样不致使汞蒸发到空气中去。在制汞或使用汞的工厂中，常常定期用碘熏蒸，碘能与汞化合，生成碘化汞，消除汞患。

汞的化合物也大都是有毒的，如氯化汞，又称升汞，便是有剧毒的。但是，适量使用，氯化汞可作为消毒剂。在医院里，便常用千分之一的氯化汞水溶液做消毒剂，消毒外科所用的刀剪。雷酸汞，俗称“雷汞”，则是常用的炸药起爆剂。

在大自然中，汞有时以游离态存在，形成巨大的银光闪闪的水银湖。汞更多是以红色的硫化汞的形式存在。硫化汞俗称辰砂、朱砂，是著名的红色颜料。红色印泥中，便含有它。我国是世界上最早利用和研究辰砂的。据《广黄帝本行记》记载：“遂炼九鼎之丹服之，以丹法传于玄子，重盟而付之。”这里所说的“丹”，便是硫化汞。可见我国早在公元前2500年便知道硫化汞了。而古希腊在公元前700年才开始采掘硫化汞。人们把硫化汞加热，硫便被氧化成二氧化硫跑掉，而汞被还原成金属汞。我国古代的炼丹家们，便常把硫化汞加热进行炼丹。我国东汉魏伯阳著的炼丹书籍《周易参同契》，便详细地谈到了如何用硫化汞炼丹。1972 年 1 月到 4 月，我国考古工作者在湖南长沙市郊马王堆发掘出一座汉代古墓，墓中尸体仍保存完好。尸体的半身是泡在略呈红色的水里。据分析，这红色的水便含有硫化汞。

未来的钢铁——钛

在人类历史上，第一种得到普遍使用的金属是铜。在发明了炼铁技术之后，铁很快又代替了铜，成为使用最广泛的金属。20 世纪初，炼铝工业又迅速发展，现在世界铝产量已超过了铜，仅次于钢铁。然而，在最近几十年来，钛又引起了人们的普遍重视。1791 年，钛以含钛矿物的形式被人发现。直至 1910 年，科学家才第一次制得纯净的金属钛。

在几十年前，钛被称为“稀有金属”。然而，经过化学家们的仔细勘探，发现钛在地壳中的储藏量比常见的铜、锡、锰、锌等金属还多。

纯净的钛是银白色的金属，它具有密度小、强度高、耐高温、抗蚀性强的优点。钛的硬度和钢铁差不多，重量却只有同体积的钢铁的一半。据试验，如果采用钛和钛合金作为火车头的蒸汽机零件，可以比钢制的蒸汽机轻 30%，而且更坚固耐用。钛耐高热，在 1668℃的高温下才熔化，比号称“不怕火”的黄金熔点还高。钛在常温下很稳定，就是在强酸、强碱的溶液里，甚至在“凶猛”的王水（三体积浓盐酸和一体积浓硝酸的混合物）中，也不会被腐蚀。有人曾把一块钛片沉到海底，经过五年后取出来，钛片还是亮闪闪的，没生一点儿锈！

正因为这样，钛在现代科学技术上有着广泛的用途。轻盈而结实的钛已被用来制造飞机的发动机。钛制的轮船，银光闪闪，用不着涂漆，在海中航行几年也不会生锈。钛制的坦克、潜水艇、军舰也已出现，它们没有磁性，不易被发现，而且耐腐蚀。钛，人称“深海金属”，这在军事上十分重要。在化学工业上，钛可以代替不锈钢。不锈钢虽号称“不锈”，遇上具有强烈腐蚀性的酸或碱，例如热硝酸，还会生锈，因此化工厂中常要更换用不锈钢制成的反应罐、输液管等。如果反应罐、输液管改用钛制造，就可以使用好几年。近年来，钛的应用越来越广泛。

钛在医学上有着独特的用途。在骨头损坏了的地方，用钛片和钛螺丝钉钉好，过几个月，骨头就会重新生长在钛片的小孔和钛螺丝钉的螺纹里，新的肌肉纤维就包在钛的薄片上，因此，钛被称为“亲生物金属”。

如果用钛做罐头盒，能长久保存食品的色、香、味。

钛的最大的缺点，是难以提炼。因为钛的熔点极高，要在高温下进行熔炼，而在那样高的温度下，钛的化学性质变得比较活泼，能和氧、碳、氮及其他许多元素化合，因此，钛必须在隔绝了空气、水分的环境中进行冶炼。现在，人们都在努力研究这个关键性的问题，最近每年发表的关于钛的科学文献都很多，其中大部分是谈关于钛的冶炼。近年来钛的冶炼技术已获得很大进展，因而钛的年产量也逐年激增。钛在化学工业中的用量逐年增加，钛的价格在逐年下降。在不久的将来，钛的冶炼问题终将会得到彻底解决，那时，炼钛厂将会和钢铁厂一样普遍，钛将成为继钢、铁、铝之后的第四种被广泛使用的金属！钛，被誉为“未来的钢铁”。

主要的钛矿是金红石（二氧化钛）、铁钛矿（钛酸铁）、钙钛矿（钛酸钙）等。许多铁矿中常含钛。

重要的钛的化合物有三种：二氧化钛、四氯化钛和钛酸钡。纯净的二氧化钛是雪白的粉末，是目前最好的白色颜料，商业上称为“钛白”。钛白的遮盖性优于锌白（氧化锌），而且不会变黑，持久性优于铅白（碳酸铅）。人们常把钛白加在油漆、纸浆中，制成白漆、白纸。在制造白色或浅色的塑料、合成纤维时，也往往加入钛白。在1947年前，人们开采钛矿的主要目的，还不是炼制金属钛，而是制取二氧化钛做颜料。

四氯化钛是一种无色的液体。它有个怪脾气——极易水解。在湿空气中，它会冒白烟，即水解成氯化氢与氢氧化钛。在军事上，人们便利用四氯化钛的这个怪脾气，作为人造烟雾剂。特别是在海洋上，水蒸气多，一放四氯化钛，顿时白烟四起，浓雾重重，像一道白色的长城，挡住了敌人的视线。在农业上，人们利用四氯化钛形成的浓雾，减少夜间地面热量的散射，可以防霜。

至于钛酸钡晶体，它又另有一种怪脾气，它受压会产生电，一通电，又会改变形状。这样，人们把钛酸钡放在超声波中，它受压便产生电流，通过测量电流的强弱可测出超声波的强弱。同样，用高频电流通过它，则可产生超声波。现在，几乎所有的超声波仪器中，都要用到钛酸钡。

最难熔的金属——钨

电灯泡里的灯丝，就是钨丝。钨是最难熔的金属，熔点高达 3410℃。当电灯点亮时，灯丝的温度高达 3000℃以上。在这样高的温度下，只有钨才顶得住，而其他大多数金属会熔化成液体或变成蒸气。

钨，是瑞典化学家舍勒在 1781 年用酸分解钨酸时发现的，但过了几十年，人们才制得纯净的金属钨。纯钨是银白色的金属，只有粉末状或细丝状的钨才是灰色或黑色的。电灯泡用久了会发黑，便是由于灯泡内壁有一层钨的粉末。钨很重，1 立方米的钨重达 19.1 吨，与金差不多，因此它的瑞典语原意便是“重”。钨又非常坚硬，人们是用最硬的石头——金刚石做拉丝模，使直径为 1 毫米的钨丝通过 20 多个逐渐小下去的金刚石孔，才把它抽成直径只有几百分之一毫米的灯丝。1 千克的钨锭可抽成长达 400 千米的细丝。现在，白炽灯、真空管、碘钨灯都用钨做灯丝。

钨的最大的用途，还不是制造灯丝，而是制造钨钢。全世界每年有 90%的钨用于制造钨钢。在我国古代，常有所谓“削铁如泥”的宝刀，《水浒传》里说把头发放在“青面兽”杨志的那把宝刀的刀刃上一吹，头发便断成两半。这些传说固然有夸张之处，不过，的确有些刀是格外锋利的。现代，科学家们用化学方法分析，原来，这些钢刀中含有钨！现在，人们便把钨矿和铁矿放在一起，炼成钨钢。钨钢一般含钨 9%—17%。

钨是最耐高温的金属。钨钢也继承了钨的这一优良特性。用普通碳素钢做的车刀，加热到 250℃以上便变软了，自然也就没法切削金属了。然而，钨钢做的车刀，温度高达 1000℃时，仍然坚硬如故。由于钨钢车刀具有很大的优越性，便迅速地在工业上得到推广。现在，炮筒、枪筒也常用钨钢制造，因为炮筒、枪筒即使被摩擦得滚烫时，耐热的钨钢依然保持良好的弹性和机械强度。

钨很坚硬，钨钢也很坚硬、锋利。不过，如果用碳化钨和钴粉制成硬质合金，比钨钢还要坚硬，以至可与金刚石比美。这种硬质合金并不是从炼钢炉里炼出来的，而是用金属粉末做成的。这种制造方法，叫作“粉末冶金”。在制造时，人们先把碳粉与钨粉混合，加热到1500℃左右，制成碳化钨。然后，再把碳化钨粉与黑色的钴粉混合，模压成一定形状，先加热到1000℃进行预烧。预烧后的合金，进行一些机械加工（因为变硬后几乎无法再加工），再加热到1500℃左右，这时，原先是“一盘散沙”般的黑粉被烧结成非常结实的硬质合金。我国现在正大力推广使用这种简便的粉末冶金法来制造硬质合金。用这种碳化钨硬质合金制成的刀具，在加工同样的机械零件时，切削速度比钨钢刀具还快15倍。用这种碳化钨硬质合金制成的模具，可以冲300多万次，而普通的合金钢模具只能冲5万多次。更可贵的是，由于它不易被磨损，所以冲出来的产品，十分精确。

钨的其他合金——钨钛合金、钨铬钴合金等，也都是著名的硬质合金。

钨的化学性质很稳定，即使在加热的情况下，也不会与盐酸、硫酸反应，甚至不会溶解在王水里——在王水中，钨只是表面缓慢氧化而已。只有腐蚀性极强的氢氟酸和硝酸的混合物，才能溶解钨。

钨有许多化合物，其中碘化钨、溴化钨可用于制造新光源，钨酸钠可用来制作防火布，钨酸铅可制作白色颜料，氧化钨则是黄色的颜料。

在地壳中，钨的含量为十万分之四。我国钨的储藏量，占世界第一位！其中以江西的大庾山脉藏量最多，此外广西、广东、湖南等地也都盛产钨。

固体润滑剂里的金属——钼

在几十年前，新西兰有个牧场曾发生了一件怪事：那一年，有个农民在牧场上混合播种了三叶草和禾本科牧草。年景实在不好，牧草长得又矮又小，甚至枯萎发黄了。

然而，奇怪的是，在那一片凋黄的牧场上，竟有一块地方的牧草长得格外好，远远看去，好像是黄色海洋里的一个绿色的“小岛”。这是怎么回事呢？这个农民经过仔细观察，终于发现了秘密：原来，那个“小岛”的旁边有一个钼矿工厂。许多贪图抄近路的工人，常常从“小岛”经过，径直走向工厂的大门。工人们的皮靴上粘着许多钼矿粉，这些钼矿粉落在草地上，使牧草长得格外好。

钼矿，为什么会使牧草长得好呢？后来，人们经过仔细研究，才发现钼是植物生长必不可缺的微量元素。那块牧场的土壤中缺钼，因此落了一些钼矿粉，便大见增产效果。尤其是豆科和禾本科植物，更加需要钼。在人的眼色素中，也含有微量的钼。在蔬菜中，以甘蓝、白菜等含钼较多。经常吃些甘蓝、白菜，对眼睛很有好处。不过，据试验，在有角的家畜（如牛、羊）的饲料中，如果含有过多的钼，容易引发家畜的胃病。

钼，是银白色的坚硬金属，很重，相对密度为 10.2，难熔，熔点高达 2620℃。纯净的钼富有延展性，但含有少量杂质时，变得很脆。钼的化学性质很稳定，不会被盐酸、氢氟酸及碱液所腐蚀，但在硝酸、王水或热浓硫酸中会被腐蚀。在纯氧中，加热到 500℃以上，钼会燃烧，变成三氧化钼。

金属钼的用途并不太广，主要是用来制造真空管的阴极、阳极，电灯泡里的钨丝托架等。1927 年，人们制成超纯金属钼，纯度高达 99.999%，拉成细丝，用作集成电路的导线。另外，金属钼丝还用于机床的电火花加工。数控线切割机床，就是用金属钼丝导电，进行切割的。在惰性气体的保护气氛中，钼丝和钨丝可配制成高温热电偶，用以测量 1200℃—2000℃的高温。

钼，约有 90%是用来制造各种特种钢材的。钼钢有很好的弹性、冲击韧性和很高的硬度，用来制造车轴、装甲车板、枪炮筒。在生铁中加入极少量的钼，可以大大改善生铁的机械性能。钼和钨制成的合金，抗酸性能特别好，被用来代替昂贵的铂。

钼的化合物在化学工业上常用作催化剂、浸透剂、染料。钼和磷、硅会形成复杂的杂多酸——“磷钼蓝”和“硅钼蓝”，具有特殊的蓝色。在钢铁分析中，常用这两种化合物来测定含磷量和含硅量（比色分析）。

钼和硫的化合物——二硫化钼，是一种黑灰色的粉末，样子很像石墨。在工业上二硫化钼被用作固体润滑剂。据测定，如果把二硫化钼加到润滑油中，可以使摩擦阻力降到三分之一。像在汽车底盘的润滑油中，加入 3%左右的二硫化钼，就可以使行车里程从 1500 千米提高到 6000 千米；冲天炉鼓风机的轴承，原先用黄油润滑，每隔两天就得加一次油，而改用二硫化钼后，一年只需加一次，而且，效果很好。特别可贵的是，一般的润滑剂在机件压力增加或旋转速度增快时，摩擦阻力增大。如果使用二硫化钼，摩擦阻力会减少，所以它非常适用于接触面很紧密、受压大和高速转动的机器。如用二硫化钼代替黄油来润滑马达的轴承，可使轴瓦温度下降 4℃—6℃，节约电力 15%。二硫化钼还具有许多优点：它的化学性质稳定，耐酸碱，仅溶于王水和热浓硫酸，因此，在使用时不易变质；它又能耐高温和低温，从−60℃—400℃，一直可以保持良好的润滑性能。

二硫化钼是固体，为什么有良好的润滑性能呢？原来，二硫化钼的晶体结构是层状的，就像一本没有装订的“书”：它的每一层分子相当于“书”的一页，在同一“书页”上，许多二硫化钼分子是结合得十分紧密的。然而，每一页之间，分子的作用力不大，所以当它受到一定的外力时，“书页”之间就会相互移动了。这种只有头发直径那么薄的二硫化钼晶体中，有三四十个滑动面。因此，把它放在机器中，机器一转动，二硫化钼里的千万层分子，就相互滑动，起着润滑作用。

二硫化钼在自然界中蕴藏不少，天然的钼矿——辉钼矿里的主要成分就是它。这种矿石经过提纯后，就可以制得二硫化钼。另外，把二氧化钼、三氧化钼或钼酸铵在硫气氛中加热，也可制得二硫化钼。在农业上，钼的化合物被用作微量元素肥料。

在地壳中，钼的含量约为百万分之三。最重要的钼矿有辉钼矿、钼华及钼酸铅矿。我国东北一带有丰富的钼矿。

钼的希腊文原意是“铅”，这是因为辉钼矿是铅灰色的，和铅在外表上很相似，因此，人们曾误把钼当作“铅”。

最硬的金属——铬

铬，是1797年法国化学家范奎林在分析铬铅矿时首先发现的。1799年，人们制得了纯净的金属铬。

铬是银白色的金属，难熔（熔点1890℃），相对密度为7.1，和铁差不多。铬是最硬的金属！

通常的铬都很脆，因为其中含有氢或微量的氧化物。极纯的铬却并不脆，富有展性。

铬的化学性质很稳定，在常温下，放在空气中或浸在水里，不会生锈。手表的外壳常是银闪闪的，人们说它是镀了“克罗米”，其实，“克罗米”就是铬，是从铬的拉丁文名称Chromium音译而来的。一些眼镜的金属架、表带、汽车车灯、自行车车把与钢圈、铁栏杆、照相机架子等，也都常镀一层铬，不仅美观，而且防锈。所镀的铬层越薄，越是会紧贴在金属的表面，不易脱落。在一些炮筒内壁，所镀的铬层仅有0.005毫米厚，但是，发射了千百发炮弹以后，炮筒内壁所镀的铬层依然还在。如果往钢上镀铬，那么，最好先镀上一层镍，然后再镀上铬，这样可以更加耐用一些。

铬的最重要的用途是制造合金。不锈钢便含有12%以上的铬（也有的是含13%的铬和8%的镍）。不锈钢具有很好的韧性和机械强度，受热不起“鳞皮”，尤其可贵的是“不锈”——耐腐蚀。例如，硝酸是具有很强腐蚀性的酸，人们曾把两块重量都为20克的不锈钢和普通碳素钢放在稀硝酸中煮沸一昼夜，结果普通钢被强烈地腐蚀，只剩下13.6克重，而不锈钢却重19.8克。在常温下，不锈钢对空气、海水、水蒸气、盐水、有机酸、食品介质等，都具有很好的耐腐蚀性。在化工厂里，人们常用不锈钢制造各种管道、反应设备。像合成氨工厂，便需要20多种具有不同性能的不锈钢。

一只手表中，不锈钢差不多占总重量的60%以上，因为表壳、机芯很多都是用不锈钢制作的。所谓“全钢手表”，便是指它的表壳与表后盖全都是用不锈钢制作的；而“半钢手表”，则是指它的表后盖是用不锈钢制作的，表壳是用黄铜或其他金属制作的。一些医疗器械，如手术刀、注射器的针头、剪刀等，大都是用不锈钢制作的。用不锈钢制作的轮船、汽艇，根本不用涂漆。

铬的化合物，五光十色。铬的希腊文原意便是“颜色”。金属铬是雪白银亮的，硫酸铬是绿色的，铬酸镁是黄色的，重铬酸钾是橘红色的，铬酸是猩红色的，氧化铬是绿色的（常见的绿色颜料“铬绿”就是它），铬矾（含水硫酸铬）是蓝紫色的，铬酸铅是黄色的（常见的黄色颜料“铬黄”就是它）。

重铬酸钾是重要的铬化合物。在制革工业上，重铬酸钾常被用来代替鞣酸鞣制皮革。在化学上，常把它溶解在浓硫酸或浓硝酸中，配制成“洗液”，可以洗去玻璃仪器上的油迹和污斑。在分析化学上，重铬酸钾常用来作为氧化剂，来测定铁矿中的含铁量，这种测定方法叫作“重铬酸钾法”。

“汽车的基础”——钒

早在1801年，墨西哥矿物学家安德烈斯·德耳·吕阿，在一种铁矿里便发现了黄色的钒的化合物，但他怀疑这是不纯的铬酸铅。1830年，瑞典化学家塞夫斯特伦发现了钒。1869年，英国化学家罗斯特第一次制得纯净的金属钒。

钒在地壳中的含量并不少，平均每2万个原子中，便有1个钒原子，比铜、锡、锌、镍的含量都多。然而，钒分布得太分散了，几乎没有比较富集的矿。差不多所有的铁矿中都含有钒，但含量大部分都在万分之一以下。奇怪的是，海鞘、海参等海生动物，竟然能从海水中摄取钒，浓集到血液中去。据测定，用海鞘、海参烧成的灰中，钒含量竟达15%！钒是银灰色、富有光泽的金属，较轻（相对密度为6），难熔，比钢还硬，可以刻划玻璃和石英。高纯度的钒富有延展性，可以拉成细丝，或者压成比纸还薄的钒箔。然而，若钒含有少量的氮、氢、氧等杂质时，钒便变得很脆，一敲就碎。

钒的化学性质十分稳定，在常温下不会被氧化，甚至在300℃的高温下也没有明显的氧化现象。钒也不怕水、盐酸、稀硫酸、稀硝酸和碱液的侵蚀，只有热的浓硫酸、浓硝酸、王水和氢氟酸才能溶解它，熔融的氢氧化钠、碳酸钠等与它作用生成钒酸盐。

纯钒的用途不是很广泛，只是用作X射线的滤波器和电子管中的阴极材料。钒最重要的用途是制造合金。

钒钢，是在钢中加入不到1%的钒制成的。钒在钢中的含量虽少，作用却不小，这少量的钒使钢的弹性显著增加。钒钢坚硬、结实，在低温下仍能保持很好的抗冲击强度，在海水中不被腐蚀。这样，钒钢大量被用来制造汽车、飞机的发动机、轴、弹簧，被誉为“汽车工业的基础”。钒钢制的穿甲炮弹，能够射穿40厘米厚的钢板。当然，在工业上并不是先制得纯钒，再把它加到钢中，而是直接用含钒的铁矿石炼制钒钢。

在生铁中加入钒，也能大大提高生铁的抗张、抗压、抗弯、耐磨性能。钒铜合金也很耐腐蚀，不怕海水，常用来制造船舶的推进器。钒铝合金具有很高的硬度、弹性，耐海水，轻盈，用来制造水上飞机和水上滑翔机。

钒的氧化物——五氧化二钒，呈红色，是重要的催化剂。在硫酸工业上，用它代替昂贵的铂做催化剂，加速二氧化硫变成三氧化硫的反应。

钒的盐类，五光十色，如二价钒盐常呈紫色，三价钒盐呈绿色，四价钒盐呈浅蓝色，四价钒的碱性衍生物常是棕色或黑色的，而五氧化二钒则是红色的。这些色彩缤纷的钒的化合物，被用作颜料。人们还把它们加到玻璃中，制成彩色玻璃；涂到陶瓷器上，做彩色的釉料。

钒的化合物大都是有毒的，人吸多了，会得肺水肿。不过，如果在牛和猪的饲料中加入微量的钒盐，却能使牛和猪的食量增加。

“灰锰氧”里的金属——锰

锰，是瑞典化学家、氯气的发现者舍勒于1774年从软锰矿中发现的。

锰是银灰色的金属，很像铁，但比铁要软一些。如果锰中含有少量的杂质——碳或硅，便变得非常坚硬，还会变脆。不过，纯净的金属锰的用途并不太广泛，因为它比铁还易生锈，在潮湿的空气中，没一会儿便变得灰蒙蒙的，失去了光泽——表面生成了一层氧化锰。再说，锰的熔点又比铁低，机械强度不如钢铁，而价格又比钢铁贵得多，因此人们几乎不生产金属锰，而大量生产钢铁。

锰最重要的用途是制造合金——锰钢。锰钢的脾气十分古怪而有趣：如果在钢中加入2.5%—3.5%的锰，那么所制得的低锰钢简直脆得像玻璃一样，一敲就碎。然而，如果加入13%以上的锰，那么所制得的高锰钢就变得既坚硬又富有韧性。高锰钢加热到淡橙色时，会变得十分柔软，很容易进行各种加工。另外，它没有磁性，不会被磁铁所吸引。

现在，人们大量用锰钢制造钢磨、滚珠轴承、推土机与掘土机的铲斗等经常受磨的构件，以及铁轨、桥梁等。上海建造的文化广场观众厅的屋顶，采用新颖的网架结构，用几千根锰钢钢管焊接而成。在纵76米、横138米的扇形大厅里，中间没有一根柱子。由于用锰钢作为结构材料，非常结实，而且用料比别的钢材省，平均每平方米的屋顶只用45千克锰钢。上海体育馆（可容纳1.8万人）也同样采用锰钢作为网架屋顶的结构材料。

在军事上，用高锰钢制造钢盔、坦克钢甲、穿甲弹的弹头等。炼制锰钢时，是把含锰达60%—70%的软锡矿和铁矿一起混合冶炼而成的。

锰钢也是重要的锰合金。锰钢含有30%的锰，具有很好的机械强度。由84%的钢、12%的锰和4%的镍组成的“锰加镍”合金（又名锰镍铜齐），它的电阻随温度的改变很小，被用来制造精密的电学仪器。

锰的重要化合物是二氧化锰。在大自然中，便有大量天然的二氧化锰，常见的锰矿物软锰矿成分便是二氧化锰。人们早在远古时代便知道软锰矿了。二氧化锰是黑色的粉末。干电池中那些黑色的粉末，便是二氧化锰。二氧化锰能够催化油类的氧化作用，人们常在油漆中加入它，以便加速油漆干燥的速度。人们在制造玻璃时，常往玻璃里加入二氧化锰，因为它能消除玻璃的绿色，使绿色玻璃变得无色透明。

锰的另一重要化合物是高锰酸钾（俗称“灰锰氧”）。高锰酸钾是紫色针状晶体。只要加入一点儿高锰酸钾，便足以使一大桶水变成紫色。高锰酸钾是很强的氧化剂，能杀菌。在公共场所的茶缸旁，常放着一桶紫色的消毒用水，人们称之为“灰锰水”，其实，这就是高锰酸钾溶液，浓度为千分之一。不过，这种水不能喝进肚里，因为它有催吐作用，在医学上用作洗胃剂和催吐剂。在分析化学上，高锰酸钾常用作氧化剂，著名的高锰酸钾法便是用它做滴定液进行化学分析的。高锰酸钾被还原后，常变成二氧化锰。“灰锰水”用完后，底下常有些黑色的渣子，那便是二氧化锰。

此外，碳酸锰是重要的白色颜料，俗称“锰白”；而硫酸锰在农业上，则用作种子催芽剂或做“锰肥”——微量元素肥料。

在动植物体中，锰的含量一般不超过十万分之几。但红蚂蚁体内含锰竟达万分之五，有些细菌含锰甚至达百分之几。人体中含锰为百万分之四，大部分分布在心脏、肝脏和肾脏。锰主要影响人体的生长、血液的形成与内分泌功能。

在大自然中，锰是分布很广的元素之一，约占地壳总原子数的万分之三。最重要的锰矿是软锰矿和硬锰矿。虽然海水中含锰量很少，但在海洋深处的淤泥中，含锰却达千分之三。

奇妙的晴雨花——钴

你见过这样的晴雨花吗？在晴天，它是蓝色的；即将下雨时，它变成紫色；到了下雨天，它变成鲜艳的玫瑰红色。

这奇妙的晴雨花，并不是真正的花，而是用滤纸做的——人们把滤纸浸在二氯化钴的溶液里，晾干，做成花的形状。

二氯化钴有这样古怪的脾气：在无水状态时，是蓝色的；而一旦吸水，形成含水的晶体（$CoCl_2 \cdot 6H_2O$），便成了玫瑰红色。人们便利用它这怪脾气，制作晴雨花：晴天时，空气中水分少，二氯化钴保持无水状态，呈蓝色；即将下雨，空气中水分渐多，它便部分变成含水化合物，红蓝相混，便呈紫色；到了下雨时，空气中水汽很多，绝大部分二氯化钴都成了含水化合物，于是，便呈玫瑰红色。人们利用这“花”的颜色的变化，便可预知晴雨，因此称它为“晴雨花”。二氯化钴，是钴的重要的化合物。二氯化钴的颜色时红时蓝，金属钴却是银白色的。金属钴很坚硬，而且与铁一样，具有磁性，能被吸铁石吸起。钴比铁重，相对密度为8.8，在1490℃熔化。

钴的化学性质比铁稳定，在常温下，在空气和水中，不会被锈蚀。在稀酸中，也很难被溶解。但在加热时，钴会与氯、氧、硫等反应，生成氯化物、氧化物、硫化物等。在工业上，金属钴的用途不大，而主要是制成各种钴合金：钴合金的硬度很高，含有78％—88％钨、6％—15％钴、5％—6％碳的合金，被称为“超硬合金”，在1000℃也不会失去原来的硬度，用来制造切削刀具。由35％钴、35％铬、15％钨、13％铁与2％碳组成的“钨铬钴合金”，也是用来制造高速切削刀具、钻头的著名硬质合金。钴合金还具有磁性。著名的永久磁铁，便是由15％钴、5％—9％铬、1％钨和碳组成的钴钢。在有些磁性合金中，钴的含量甚至高达49％，另外，在一些耐热、耐酸的合金中，也常用到钴。

在无色的玻璃中，如果加入一些钴的化合物，可以制得深蓝色的玻璃。这种玻璃能很好地挡住紫外线，电焊工人、炼钢工人在工作时，便常戴这种钴眼镜，保护眼睛。在景泰蓝、搪瓷、陶瓷的制造过程中，也常用钴的化合物作为蓝色的颜料。

在生物学上，钴是重要的微量元素。据试验，如果羊的饲料中缺少钴，将会引起严重的脱毛症，然而，只要在饲料中加入微量的钴——每昼夜 1 毫克，便可治好脱毛症。维生素 B_{12} 是钴的有机化合物，含有 4.5%的钴。现在，人工合成的维生素 B_{12}，常用来医治恶性贫血、气喘、脊髓损伤等。

在地壳中，钴的含量约为十万分之一。重要的钴矿有砷钴矿、辉砷钴矿、硫钴矿、钴华等。在陨石中约含有千分之五的钴，这证明在其他天体中，也含有不少的钴。大自然中，不仅有稳定的钴，还有放射性钴。放射性钴-60（^{60}Co），现在已用来代替镭治疗癌症，并广泛地用作示踪原子。

钴是瑞典化学家格・布兰特在 1753 年发现的。

最轻的金属——锂

锂，是瑞典化学家阿·阿尔夫维特桑在1817年在一种稀有的岩石中发现的。锂的希腊文原意是“岩石”。

锂是银白色的金属，非常轻，是所有金属中最轻的一种。它只有同体积的铝的重量的五分之一、水的二分之一。锂不只是能浮在水面上，甚至会浮在煤油上。如果一架飞机是用锂做的，两个人就能抬起它!

当然，实际上锂不仅不能被用来制造飞机，甚至不能用来制造茶匙。这是因为锂的化学性质非常活泼，能够和空气中的氧气化合，变成白色、疏松的化合物——氧化锂，从而完全丧失原有的机械强度。用锂制成的茶匙，在第一次搅拌热茶时，就会“不翼而飞”，因为这茶匙被水“吃”掉了——锂和水激烈地反应，置换水中的氢，放出氢气，而它本身变成氢氧化锂，溶解到水中去了。

用锂制成的茶匙被水吃掉——锂和水反应生成氢气和氢氧化锂

在自然界中，锂还算是比较多的一种元素，它占地壳总原子数的万分之二。盐层、海水、盐湖、矿泉中，含有许多可溶性的锂的化合物。

锂被用于冶金工业上。在铜中加入少量的锂（十万分之五），便能大大改善铜的性能：这是因为锂具有活泼的化学性质，能和氧、氮、硫等铜中有害杂质反应，起去气剂的作用。在铝、镁及其他金属中加入少量的锂，能够提高它们的坚固性和耐酸、耐碱性能。

锂的化合物也有许多用途。其中最值得注意的是锂的氢化物——氢化锂。当金属锂和氢气作用，就生成白色的氢化锂粉末。氢化锂能和水猛烈地反应，放出大量氢气。1 千克的氢化锂和水作用，可以放出 2800 升氢气！因此，氢化锂可以看成是一个方便的储藏氢气的“仓库”。2 千克氢化锂和水作用放出的氢气，相当于一个压力为 120—150 个大气压的普通氢气钢筒中所装有的氢气。氢化锂还是热核反应的重要原料。此外，锂的一些化合物，在陶瓷工业上还被用作釉药，在玻璃工业上用来制造乳白玻璃和能透过紫外线的特种玻璃。电视机的荧光屏玻璃，就是锂玻璃。在碱性蓄电池中加入氢氧化锂，能够大大提高它的电容量。

在植物体中，常常可以遇上锂的化合物。一些红色、黄色的海藻和烟草中，常含有较多的锂的化合物。当把烟草烧成灰烬时，灰烬中就含有锂。锂能够作为催化剂，用来加速一些化学反应。有趣的是：你把火柴划亮，把糖块放在火柴的火焰上，这时糖只是开始熔化，但并不燃烧。但是，如果你在糖块上撒一些香烟灰，这时糖块就会像纸一样燃烧起来！这便是由于香烟灰中含有锂，而锂能够加快糖的氧化（燃烧）反应。

在动物和人体中，锂主要存在于肝脏和肺。

食盐里的金属——钠

在我国2000多年前的《管子》一书里，有这样一句话：“十口之家，十人食盐；百口之家，百人食盐。”可见我国在很早以前，人们便普遍地食用食盐了。过去，在我国西藏，甚至还把盐巴作为货币。食盐大都来自海水。在海水中，水占96%，各种盐类占4%，而其中食盐占海水总量的3%。世界上每年食盐产量达四五千万吨！人天天要吃食盐。据统计，每个正常的人一天应摄取6—8克食盐，一年摄入2—3千克食盐。

也许你会惊讶：在这雪白的食盐里，却隐藏着一种金属——在酱油、咸菜、咸鱼中，都“住”着这金属呢！这金属就是钠。钠是英国化学家戴维在1807年发现的。

钠比水轻，十分柔软，可用小刀切成一块块

钠，是银白色的金属，比水还轻，十分柔软，可用小刀切成一块块。不过，它的化学性质非常活泼，一遇水便激烈地起化学作用，变成能溶解于水的氢氧化钠。人们利用钠强烈的吸水性，在工业上常用钠做脱水剂。另外，金属钠熔点低，在97.8℃就变成液体。液体钠是液体中传热本领最好的一种，比水银高10倍，比水高40到50倍，因此，在工业上用液体钠做冷却剂。在空气中，钠还会和氧气化合，变成过氧化钠。这样，在电子管工业上，人们还用钠做吸气剂——用它吸收管内残余的少量氧气。平常，钠总是被浸在煤油中，与水、空气隔绝。钠的性质和锂、钾相近，但由于钠最便宜，因此金属钠应用比它们广泛，常用它代替锂或钾。

当然，食盐中所含的钠，并不是金属钠。食盐，是最重要的钠的化合物——氯化钠。1个食盐分子，是由1个钠原子和1个氯原子组成的。食盐除了食用外，90%以上是用作工业原料：人们把食盐溶液电解，制得三种重要的化工原料——烧碱、氯气、氢气。用氯气和氢气可以合成氯化氢。氯化氢溶于水，便成了盐酸。

烧碱是氢氧化钠的俗称，又叫苛性钠，因为它的腐蚀性非常强，是两大强碱之一（另一强碱是氢氧化钾）。衣服上如果滴上烧碱，会很快烂一个洞。滴在皮肤上，皮肤会腐烂。日子久了，甚至连盛烧碱溶液的玻璃瓶，也会被腐蚀、溶解，瓶壁上留下一个白色的圆圈。在工业上，烧碱大量用来制造肥皂、人造棉、各种化工产品和精炼石油。炼钢和炼铝，也要消耗大量的烧碱！据统计，制造1000个铝锅，约消耗20多千克烧碱。

另一个重要的钠的化合物是“纯碱”——碳酸钠，俗称“苏打”。最初，人们是从一些海生植物的灰中提取的“苏打”，然而，产量非常有限。现在，人们用食盐、硫酸与石灰石做原料制造纯碱。我国化学工作者侯德榜，对制造纯碱的方法有重大的改进，创立了“联合制碱法”。纯碱是白色晶体，常用于洗濯，商业上称“洗濯苏打”。玻璃、肥皂、造纸、石油等工业都要消耗成千上万吨纯碱。

至于“小苏打”，则是碳酸氢钠的俗称。“苏打饼干”和医治胃病的“小苏打片”便是用它做的。“小苏打”是细小的白色晶体，微有咸味，常用作发酵剂，因为它受热或受酸作用，很容易放出二氧化碳气体，使面团变得松软。

还有“大苏打”，也是钠的化合物——硫代硫酸钠，又称“海波”。它主要用作摄影上的定影剂，因为它能与卤化银起化学反应，形成易溶于水的银络合物，冲走胶片上多余的感光剂，起定影作用。此外，它也用于纺织工业，用来除去漂白后多余的氯。在分析化学上，硫代硫酸钠是著名的还原剂。

硫酸钠，俗称“芒硝”（$Na_2SO_4 \cdot 10H_2O$），用于玻璃工业，在医药上用来做泻药。

活泼的金属——钾

钾是著名的英国化学家戴维在 1807 年发现的。钾是银白色的金属，非常柔软，用小刀可以像切石蜡似的，把它切成一块块。钾的熔点很低，只有 63℃。也就是说，在比沸水还要低的温度下，金属钾就熔化成水银般的液体了。金属钾很轻，甚至比水还轻！“金属比水轻”，这在当时简直是不可理解的事情。所以，在当时有不少人怀疑、反对戴维的见解，认为钾根本不能算是金属。直到后来，人们经过种种实验，制得了很纯的金属钾，这才最后使“钾是金属”这一点得到公认。

金属钾的化学性质非常活泼。刚刚切开的金属钾的表面是银白色的，可是在空气中暴露几分钟，便变得灰暗了。因为钾能与氧气化合，变成白色的氧化钾。这样，钾平时总是被小心地浸在煤油里。如果把它扔进水里，立即会吱吱发响，发生猛烈的化学反应，甚至燃烧、爆炸！因为金属钾能与水作用，放出氧气，生成氢氧化钾。在大自然中，钾都是以化合物的状态存在着。

金属钾的用途不算太广泛，它主要是用来作为脱水剂，因为它能强烈地吸收水分。另外，在制造电子管时，也用它来吸收真空管内剩余的氧气与水汽。金属钾与金属钠的合金，熔点很低，在常温下是液体，可以用来代替水银制造温度计。

钾的最重要的化合物，要算是氢氧化钾，俗称苛性钾。氢氧化钾是白色的固体，很容易溶解在水里，具有很强的腐蚀性，是最强的碱之一。如果把你的羊毛衣服放在 5% 的氢氧化钾溶液里煮 5 分钟，那衣服便不见了——被溶解了！在工业上，人们用氢氧化钾制造肥皂、精炼石油。用氢氧化钾制造的“钾肥皂”很有趣，它是一种液态肥皂。

钾的最主要用途是制造钾肥。庄稼是非常需要钾的。庄稼缺乏钾，茎秆便不会硬挺直立，易倒伏，对外界的抵抗力也大大减弱。平均起来，每收获1吨小麦或1吨马铃薯，就等于从土壤中取走5千克钾；收获1吨甜萝卜，相当于取走2千克钾。全世界平均每年要从土壤中取走2500万吨钾！

含钾的化学肥料，主要有硝酸钾、氯化钾、硫酸钾、碳酸钾。人们一般是从钾长石（花岗岩）、海水中提取钾的化合物的。特别是海水，含有不少氯化钾。在农家肥料中，以草木灰，特别是向日葵灰，含钾最多，这是因为植物本来就从土壤中吸收了钾，那么，把它烧成灰后，灰中当然也就含有钾了。

动物与人体内也含有钾，特别是肝脏、脾脏里含钾最多。整个说来，成年人的器官（不包括血液、汗、尿等，仅是指器官而言），钾多于钠。有趣的是，在婴儿的器官中，钠却多于钾。有些科学家就把这一点引来证明：陆生动物是起源于海中的有机体，因为在海水中，钠多于钾。

大理石里的金属——钙

用汉白玉雕成的人民英雄纪念碑巍然屹立在首都天安门广场。华表和白玉桥，也都是用汉白玉雕成的。汉白玉是大理石中的一种。在这些洁白如玉的石头里，住着一种金属——钙。

不光是大理石里住着这种金属。瞧瞧你的周围：那砌墙的石灰、刷墙的白垩、脚下的水泥地、雪白的石膏像……里头都住着钙。当然，这钙是以化合物的状态存在着。

金属钙是英国化学家戴维和瑞典化学家柏齐力乌斯在1808年制得的。钙是银白色的金属，比锂、钠、钾都要硬、重，在815℃熔化。

金属钙的化学性质很活泼。在空气中，钙会很快被氧化，蒙上一层氧化膜。加热时，钙会燃烧，射出砖红色的美丽的光芒。钙和冷水的作用较慢，在热水中会发生激烈的化学反应，放出氢气（锂、钠、钾即使是在冷水中，也会发生激烈的化学反应）。钙也很容易与卤素、硫、氮等化合。

在工业上，金属钙的用途很有限，如作为还原剂，用来制备其他金属；用作脱水剂，制造无水酒精；在石油工业上，用作脱硫剂；在冶金工业上，用它去氧或去硫。然而，钙的化合物却有着极为广泛的用途，特别是在建筑工业上。

还是从大理石说起吧。大理石是很名贵的建筑材料，因盛产于我国云南大理而得名，别的地方也出产，但也叫“大理石”。大理石是石灰石中的一种。石灰石的化学成分是碳酸钙。石灰石大都是青灰色，坚硬、较脆。大自然中，常常一大片地区的地层都是由石灰岩组成的。石灰石被用来修水库、铺路、筑桥。如河南林州著名的“红旗渠”，就是用当地盛产的石灰石砌成的。

石灰石在石灰窑中，和焦炭混合在一起燃烧后，制成生石灰。生石灰的化学成分是氧化钙。生石灰是白色的石头，它很有趣，一遇水会发生激烈的化学反应，变成白色的粉末——熟石灰，同时放出大量的热。在建筑工地上，你常可看见人们往生石灰中加水。这时，如果往加了生石灰的水中放个鸡蛋，足以把它煮熟。熟石灰的化学成分是氢氧化钙，能溶于水。石灰水，就是氢氧化钙溶液。石灰水刷在墙上，起初并不怎么白，过了一会儿，却会越来越白。这是一场有趣的循环：熟石灰和空气中的二氧化碳作用，又重新变成了碳酸钙；然而，人们在石灰窑中，却是用石灰石（碳酸钙）来烧成生石灰。燃烧时，石灰石放出了二氧化碳，变成氧化钙。

硫酸钙也是钙的重要化合物，俗名石膏。在工业上，人们用石膏做成各种模型，来浇铸金、银、铝、镁、铜以及这些非铁金属的合金。石膏还大量用来制造各种石膏像。不过，天然的石膏矿并不是雪白色的致密固体，外貌倒是像石蜡，它是含水结晶体。

天然水，如河水、湖水、江水中，常含有一些可溶性的钙化合物，如碳酸氢钙。这种水，被称为硬水。硬水给人们带来不少麻烦，用它烧开水，原先溶解在水中的碳酸氢钙受热会转化成不溶性的碳酸钙，沉淀出来，变成锅垢。工厂里的锅炉如果锅垢太厚了，不仅浪费燃料，甚至会因受热不均匀而引起爆炸；用它洗衣服，碳酸氢钙会和肥皂起化学作用，生成硬脂酸钙沉淀出来，浪费了肥皂。为了克服硬水的这些缺点，人们常要把硬水软化，如加入“苏打”（碳酸钠），便可以使碳酸氢钙变成碳酸钙沉淀出来。也有的用煮沸的方法使硬水软化。

钙是人体和动物必不可缺的元素。人和动物的骨骼的主要成分便是磷酸钙。血液中也含有一定量钙离子，没有它，皮肤划破了，血液将不易凝结。据测定，人一昼夜需摄取0.7克钙。在食物中，以豆腐、牛奶、蟹、肉类含钙较多。婴儿比成年人更需要钙，因为婴儿在不断发育中，骨骼不断在长大。这样，大夫常给婴儿、孕妇吃些钙片。植物也很需要钙，尤其是烟草、荞麦、三叶草等，更是需要钙。

在大自然中，钙是存在最普遍的元素之一，占地壳原子总数的1.5%。在所有的化学元素中，钙在地壳中的含量仅次于氧、铝、硅、铁，居第五位。

长眼睛的金属——铷和铯

一听铷和铯的名字，也许你会感到陌生。其实当你看电视时，电视摄像机的光电管里便有着铷和铯。

纯净的铷和铯都是银白色的金属，含有杂质时则略带黄色。铷和铯都很软，富有可塑性，又很易熔化。铯是最软的金属，比石蜡还软。铯是仅次于汞的易熔金属，熔点只有 28℃。铷的熔点也只有 38℃，比正常体温只高了 1℃。铷蒸气在 180℃时看上去是绛红色的，而温度高于 250℃时，则是橙黄色。

铷和铯的化学性质非常活泼，在空气中会像黄磷一样自燃，放射出紫色光芒。

如果把它们投入水中，它们会猛烈地和水作用，放出氢气，燃烧以至爆炸。甚至把它们放在冰上，它们也会燃烧起来。正因为它们这般不“老实”，平时都被“关”在煤油里，与空气、水隔绝。

铷和铯在大自然中很少，而且很分散，铯仅占地壳原子总数的千万分之九左右，铷比铯稍多。不过，它们在海水中要比陆地上多，据统计，海水中约有十万分之一的铷和铯，含量有 4000 亿吨以上。现在，人们大都是从铯榴石、绿柱石、金云母以及岩盐中提取铷和铯。

铷和铯最宝贵的性质，在于它们是长“眼睛”的金属——具有优异的光电性能。铷和铯一受光的照射，会被激发而释出电子。人们便利用它们的这一特性，把金属铯或金属铷喷镀在银片上，制成各种光电管。光电管受光线照射，便会产生光电流，光线越强，光电流越大，成了自动控制中的“眼睛”。例如，人们在炼钢炉中装了它，随着炉里火焰的明暗不同，光电管的光电流的大小也不同，从中可以算出温度的高低，进行自动控制。

另外，在电影、电视、光度计以及许多通信、自动控制设备中，都要用到光电管。

在制造真空管时，由于铷和铯能剧烈地和氧气化合，被用作吸氧剂。在化学上，铯的化合物被用来医治休克病、白喉。

铷和铯，几乎是同时被德国化学家本生用光谱仪发现的，铯在1860年被发现，而铷是在1861年被发现。现在，人们是用重结晶法从盐水中浓缩氯化铷和氯化铯。然后，用金属钙作为还原剂，与氯化铷或氯化铯在真空中一起加热到700℃—800℃，即可制取金属铷或金属铯。另外，我国有着丰富的铯榴石矿——这种铯在世界上是少有的。铯榴石是无色透明的矿物，具有玻璃光泽，很硬，一般含铯可达25%—30%。我国在工业上已采用铯榴石做原料，与氧化钙、氯化钙混合烧结，以盐酸酸化，制取氯化铯，然后以金属钙进行热还原，制取金属铯。

半导体工业的原料——锗

锗，是德国化学家文克列尔在1885年用光谱分析法发现的——也就是门捷列夫在1871年所预言的元素“亚硅”。不过，直到1942年，人们才发现锗是优异的半导体材料，可以用来代替真空管，锗这才有了工业规模的生产，成了半导体工业的重要原料。

锗在周期表上的位置，正好夹在金属与非金属之间。锗虽属于金属，却具有许多类似于非金属的性质，在化学上称为“半金属”。就其导电的本领而言，优于一般非金属，劣于一般金属，在物理学上称为“半导体”。

锗是浅灰色的金属。据X射线的研究证明，锗晶体里的原子排列与金刚石差不多。结构决定性能，所以锗与金刚石一样，硬而且脆。

锗在地壳中的含量为一百万分之七，比之于氧、硅等常见元素当然是少，但是，却比砷、铀、汞、碘、银、金等元素都多。然而，锗却非常分散，几乎没有比较集中的锗矿，因此，被人们称为“稀散金属”。现在已发现的锗矿有硫银锗矿（含锗5%—7%）、锗石（含锗10%）、硫铜铁锗矿（含锗7%）。另外，锗还常夹杂在许多铅矿、铜矿、铁矿、银矿中，就连普通的煤中，一般也含有十万分之一左右的锗，也就是说，1吨煤中含有10克左右锗。在普通的泥土、岩石和一些泉水中，也含有微量锗。

由于锗非常分散，这就给提炼带来很大的困难。不过，人们仔细研究，却发现一个重要的秘密——在烟道灰中，竟然含有较多的锗。这是怎么回事呢？原来，煤里所含的微量锗，是以氧化锗或硫化锗的形式存在。煤燃烧时，这些锗化合物一受热，便挥发了，而进入烟道后，却又受冷凝结于烟道灰中。据测定，烟道灰中的含锗量可达千分之一，有的甚至可达1%—2%，比煤中含锗量高100—1000倍。现在，我国在各工厂普遍推广烟道除尘技术，一方面可以净化空气，清洁环境，另一方面又可以从烟道灰中提取锗。我国每年产煤几亿吨，从中可提取几千吨锗！北京、上海以及在东北的不少工厂，现在都已从墨黑的烟道灰中，提炼出银灰色的锗锭。另外，我国的一些铅锌矿、铜矿中也含锌，在炼铅、锌、铜的同时，也从“杂质”中提取锗。

从煤灰或各种金属矿中提取的锗，一般是氧化锗或硫化锗。用碳、氢或镁进行还原，即可制得金属锗。不过，用作半导体材料的锗，必须非常纯净。一般的物质如果纯度达到99.9%，已算够纯的了，而用作半导体的锗的纯度，必须在99.999%以上。人们可制得纯度高达11个“9”的纯锗，其中杂质含量只有一千亿分之一。这样少的杂质，用一般的光谱分析还查不出来，要用催化蒸发法光谱分析或其他超纯分析方法，才能进行测定。工业上，用区域熔融法来制取纯锗——把锗锭放在石墨舟（或石英舟）里，装进石英管，抽成真空，然后用电炉在管外从这端逐渐加热到另一端，纯锗逐渐从熔液中结晶出来，而杂质逐渐集中到锗锭的末端，这样便可制得高纯度的锗。

纯锗大量用来制造晶体整流管（即二极管）和晶体放大管（即三极管）。这种锗晶体管很小，构造简单，耐震，耐撞，比电子管的寿命长，耗电量小，成本低。据统计，现在全世界年产锗晶体管已超过5亿个。

在半导体收音机中，绝大部分是用锗作为半导体。另外，锗晶体管还用于制造雷达设备、遥控设备、电子计算机等。

由于温度改变时，锗的电阻也立即随之发生灵敏的变化，所以锗又用来制造“热敏电阻”，即利用锗的电阻随温度升降的变化，来测定温度的高低。它甚至可觉察1公里外人体所射出的红外线。

此外，锗还被涂在玻璃上，制成电阻，用于制造光电管、热电偶等。

半导体锗的发现和应用，开辟了电子微型化的道路，是无线电技术发展中的一大进步。

二氧化锗，用来制造某些折射率很大的玻璃。在医学上，由于锗能刺激红细胞的生成，所以锗的化合物可用来治疗贫血病与嗜眠症。

“甜”的金属——铍

铍是在1798年被法国化学家路易·尼古拉·伏凯林发现的。最初，铍被命名为“Glucinium”，它的希腊文原意就是“甜”，因为铍有个奇特的脾气——它的许多盐类竟然是甜津津的。不过，后来因为发现钇盐类也是有甜味的，便把它改称为“铍”，它的希腊文的原意就是“绿宝石”，因为人们最初是从绿宝石中提取铍的。人们早在远古时代，便发现了绿宝石。据考证，我国古代所谓的“猫儿眼”宝石，有的就是绿宝石。绿宝石又叫绿柱石，是珍贵的宝石之一。天然的绿宝石，最重的为1000多千克。人们在1828年用金属钾还原氯化铍才制得比较纯净的金属铍。1920年后，在工业上用电解法制取金属铍。铍是钢灰色的轻盈的金属，相对密度为1.82，比铝还轻三分之一；铍的熔点高达1284℃，差不多比铝高一倍；铍又非常结实，能和钢相比；铍还异常坚硬，以至可以刻划玻璃。美中不足的是金属铍中若含有微量的杂质，例如含有千分之一的氧，便变得非常脆，既不能轧压，也不能拉丝，一敲便碎。铍还有剧毒，据研究，每1立方米的空气中只要含有千分之一克的铍尘，便能使人马上得急性肺炎，死亡率相当高。因此，在冶炼时，要用特殊的通风设备通风，使每1立方米空气中铍的含量低于十万分之一克，这样才能保障工人的安全。铍的冶炼也比较麻烦，成本较高。

在金属中，铍的透X射线的能力最强，有“金属玻璃”之称，比铝强20倍，比铜强16倍。因此，人们用它来制造X光管的“窗口”。铍传播声音的能力也极好，在金属中几乎是首屈一指，达12.5千米/秒。铍在原子能工业上，被用作中子源和减速剂。铍轻盈又耐高温，还是制造飞机和宇宙火箭外壳的好材料。人们曾试制成功“铍飞机”，性能很好，只是成本太高。

铍常被用来制造合金。在青铜中加入2%的铍，可制成铍青铜。这种铍青铜的抗拉强度变得比钢铁还大几倍，而且弹性极好，“百折不挠”，用它做的弹簧，可以压缩几亿次以上，即使在高温下也不会失去弹性！含铍2.5%的铍青铜，淬火后非常坚硬，被人们称为“超硬合金”。人们用铍青铜制造手表的游丝、精密仪器上的弹簧以及车刀、高速轴承、轴套、耐磨齿轮等。

含2.25%铍和1.1%—1.3%镍的铜铍镍合金，撞击时不发火花，常常被用来制造不发火花的工具，如凿子、锤子、刀、铲、钻头、扳手等。这些工具专门用来对易燃、易爆炸的材料进行加工：因为易燃、易爆炸材料一遇火星便燃烧、便爆炸，以至于在炸药厂里，连钉了铁掌的皮鞋都不许穿，怕它与石头相碰，撞出火花来，引起大爆炸。自然，加工时更不允许有火花了。铍的氧化物——氧化铍，熔点高达2450℃，而且硬度大，特别是能像镜子一样反射放射性射线，因此，用氧化铍做砖头来砌成原子能反应堆的外壁，非常合适。

铍在地壳中的含量为6%。最常见的铍矿除绿柱石外，还有硅铍石、日光榴石。这些铍矿颜色都很漂亮，有浅绿色、黄色、粉红色、天蓝色等。我国有着丰富的铍矿。

由于尖端科学技术的迅速发展，铍的产量也有了很大的提高。

重晶石中的金属——钡

在医院里，当医生准备给患胃肠病的病人拍摄X射线（俗称“爱克斯光”）照片时，常给病人吃一种无味的白色粉糊，过半小时后才进行X射线拍摄。这白色的粉糊，在医学上叫作“钡剂”“钡餐”。其实，这“钡剂”就是硫酸钡用水调成糊状制成的。硫酸钡是白色的固体粉末，钡原子能强烈地阻止X射线，因此，当病人吃了钡剂后，能清晰地拍得胃、肠的X射线照片。否则，拍出来的底片上，除了有几根骨头的影子外，别无一物，无法进行诊断。

硫酸钡在大自然中很多，著名的矿物——重晶石的主要成分，便是硫酸钡。重晶石有块状或纤维状，很重，因此而得名。也有的重晶石是土状的，俗称“重土”。钡的希腊文原意便是重晶石。我国有丰富的重晶石资源。钡的化合物绝大多数是有毒的。硫酸钡因为极难溶解于水，因此，“钡剂”也就不会对人体有什么损害。

有时，当人们误食钡盐，发生呕吐、腹泻、内溢血或钡中毒等现象时，常内服硫酸镁解毒剂，因为硫酸镁能与可溶性钡盐生成不溶于水的硫酸钡，解除了钡毒。

人们从硫酸钡中制取金属钡。钡是瑞典化学家舍勒在1774年发现的。1808年，英国化学家戴维第一次制得金属钡。金属钡是银白色的，相当软，硬度和铅差不多。

钡的化学性质很活泼，它在空气中会很快失去光泽，氧化成氧化钡，如果碎成粉末，在空气中甚至可以起火。氧化钡是白色固体，遇水能激烈地发生化学反应，生成氢氧化钡，同时放出大量的热。氧化钡，是最强烈的碱性吸水剂。

金属钡的用途不大。钡最重要的化合物就是硫酸钡。硫酸钡除了做“钡剂”外，最主要的用途是做白色颜料，著名的“钡白”的主要成分就是它。钡白在空气中放久了，依然是白皑皑的，不会因与硫化氢作用而变黑。在造纸时，人们为使纸张更白一些，便会加入钡白。不少有光纸、道林纸、印相纸、邮票纸以及印钞票的高级纸中，都加了钡白。在钻油井时，有时在泥浆中加入一些硫酸钡，以增加泥浆的相对密度。

在制造焰火时，常加入一些硝酸钡、氯化钡或其他钡盐，这样，会使焰火呈现绿色；加入钙盐，则呈砖红色；加入锶盐，呈鲜红色。信号弹的火药中，也常用到这些盐类。

在分析化学上，常用氯化钡来检验与测定硫酸、硫酸盐，因为氯化钡能与硫酸根离子作用生成几乎不溶于水的白色硫酸钡沉淀。另一种钡盐——碳酸钡，也是不溶于水的白色粉末。在钢铁工业上，常用60%的碳酸钡与40%木炭混合，作为钢的表面硬化剂（即渗碳剂）。这是因为碳酸钡在渗碳时受热分解，生成二氧化碳，而二氧化碳又与炽热的木炭作用生成一氧化碳。一氧化碳又受热分解，变成二氧化碳与原子状态的碳。原子状态的碳很活泼，渗进钢铁表面。钢表面的含碳量提高，便变得坚硬。这叫“渗碳处理”。而碳酸钡分解出二氧化碳后，变成氧化钡，氧化钡与空气中二氧化碳作用，又重新变成碳酸钡。因此，在渗碳后，只需重新再加些木炭，又可继续使用。

钡在地壳中的含量为万分之五。常见的钡矿除重晶石（硫酸钡）外，还有毒重石（碳酸钡）。

放在手中便熔化的金属——镓

好端端的一块银白色的金属，如果你想放在手心看个仔细，唷，却一下子熔化了，成了一颗银白色的液滴，在手里滚来滚去，犹如荷叶上滚着的水珠。

这奇妙的金属，就是镓。它的熔点只有 29.8℃，低于人的体温——37℃，因此，放在手心，很快就熔化了。在常温下，镓是固体，很软，用小刀便能切开，可以拉成细丝或压成薄箔，也可以煅轧。更奇妙的是，当镓从液体凝成固体时，体积要膨胀百分之三，这样，镓平常都是装在富有弹性的塑料袋或橡胶袋里，以防镓凝固时胀破容器。如果装在玻璃瓶中，千万别装满。

镓的熔点虽低，沸点却很高，竟达 2000℃—2100℃！这也就是说，从 29.8℃到 2000℃之间，镓一直是液态，而水银在 360℃就沸腾了。这样，镓被用来制造高温温度计，因为水银只能测 300℃以下的温度，而镓可测 1500℃以下的温度。镓温度计的外壳，常用耐高温的石英玻璃制成。另外，液体镓也常被用来代替水银而用于各种真空泵或紫外线灯泡。原子能反应堆中，用镓作为热传导介质，把反应堆中的热量传导出来。

镓能紧紧地粘在玻璃上，因此可以制成很好的镜子。镓镜反射光的本领很好，在光学上有着特殊的用途。放射性的镓，用来诊断癌症。

镓被制成各种合金。镓熔点很低，可与锌、锡、铟等制成易熔合金，制成自动救火龙头——当失火时，温度一升高，易熔合金熔化了，水便从龙头自动喷出。镓“热缩冷胀”，被用来制造铅字合金，使字体清晰。在镁中加入少量镓，可提高镁的耐腐蚀性。镓也常被用来制造镶牙合金。在原子能工业上，镓和它的合金，被用作载热剂。

镓在地壳中的含量约为百万分之四，与锡差不多（锡为百万分之六），不算太少，然而锡却为“五金”之一，锡器十分普遍，而一般人对镓却是十分生疏。这是为什么呢？主要由于在大自然中，镓非常分散，几乎没有什么“镓矿”，和锗很相似。现在，人们大都从煤灰中提取镓。锗石中含镓最多，达0.5%—1.8%。此外，在有些铁矿、含铜页岩、铝矾土、云母、锰矿、锑铅矿及海水中，也含有少量的镓。镓在大自然中，一般以氧化镓的形式存在。现在，人们大都在炼制某些铜矿、铅锌矿时从尾矿中提取镓。

镓是法国化学家布瓦博德朗在1875年发现的。为了纪念自己的祖国，布瓦博德朗把它命名为“镓”（即法国的古名“家里亚”）。然而，早在发现镓的四年前——1871年，著名的俄罗斯化学家门捷列夫便根据他发现的化学元素周期律，精确地预言了镓的存在和它主要的性能。

门捷列夫称镓为“亚铝”。后来布瓦博德朗的发现，完全证实了门捷列夫的预言。镓，成了化学元素周期律的第一个见证者。

“亲生物”金属——钽

1802年，瑞典化学家埃克伯格在分析斯堪的纳维亚半岛的一种矿物时，发现了钽。

钽是银白色的金属，在常温下很稳定，加热到400℃呈天蓝色，600℃呈灰色，温度更高时则在表面形成一层白色的氧化膜。钽很重，1立方米的钽重达16.6吨。钽的熔点很高，达2996℃，高于钼（2620℃），而稍低于钨（3410℃），是最耐高温的金属之一。钽的沸点高达5300℃。钽富有延展性，可以拉成比头发还细的钽丝或比一般纸还薄的钽箔。

钽最突出的优点是非常耐腐蚀。钽不仅不怕硝酸、盐酸、王水，就连加热到900℃的高温，在熔融的锂、钠、钾或钠钾合金中，也不会被侵蚀。钽的价格只有铂的七分之一。人们预言，钽将会代替和淘汰铂。现在，人们已大量用钽制造电极、蒸发皿等反应器皿。在生产化学纤维时，用钽代替铂制造喷丝模。钽丝可织成耐腐蚀的过滤布。另外，钽被用来制造精密天平的砝码、外科器械、自来水笔笔尖、钟表弹簧等。

在无线电工业上，钽是制造电子管中栅极和阳极的重要材料。钽便于加工成各种复杂形状的电极，化学性质又稳定。现在，几乎所有的电子管工厂都会用到钽。更可贵的是，钽还具有吸收氧、氮、氢等气体的特殊本领，因此，在制造真空管和真空仪器时，用钽做吸气剂。有趣的是，钽在外科医疗上有着妙用：如果用钽条代替折断了的骨头，过了一段时间，人体的肌肉居然会在钽条上生长。这样，钽被誉为“亲生物”金属。

细小的钽丝，可用来缝合神经、肌腱；钽丝织成的钽网，可装置在动了手术的病人的腹腔里，用来加强腹腔壁。钽对人体无毒，对人体组织没有刺激作用。

在工业上，钽被用来炼制各种优质合金。钽钨合金的熔点很高，在高温下仍能保持良好的硬度和弹性，是制造喷气发动机和原子能工业上不可缺少的材料。含钽 20%的钽铂合金，抗酸性能好，这种合金对王水的耐蚀性比纯铂好，价格也便宜得多。

钽的重要化合物——碳化钽，是制造硬质合金的材料。碳化钽硬质合金常用来制造刀具，使用寿命甚至超过碳化钨硬质合金，而且导热性比它更好。

钽在地壳中含量为千万分之一，不算多。钽在大自然中总是与铌“住”在一起，常常有钽必有铌。然而，钽和铌的性质又十分相似，这给炼纯钽的工作带来了许多困难。现在钽的价格较贵，主要是在于提炼比较困难。随着科学技术的发展，如使用离子交换树脂等，钽和铌的分离问题将会得到彻底解决。

超导元素——铌

铌是英国化学家哈契特在1801年发现的。起初，哈契特将铌矿物最早发现的地方——美国哥伦比亚州作为它的名字，命名为钶。由于钶和钽的性质非常相似，人们曾一度认为它们是同一种元素，直到1844年，德国科学家罗斯通过化学方法，才把它们分开。后来，罗斯便根据古希腊神话里的英雄坦塔拉斯（钽的名字就由他得来的）的女儿尼奥勃的名字，把它改名为铌。现在，绝大部分国家已改称铌，但也有极个别国家仍称钶的。

铌，是坚硬的灰白色金属，可以被拉成细丝，也可以压成极薄的片。然而，含有极少量的杂质时，铌却变得很脆。铌极难熔化，熔点高达2415℃。

铌的化学性质非常稳定。常温下，在空气里，它不会与氧气作用，在工业区大气中放了15年，铌的表面仅稍稍发暗。当温度升高到200℃时，它的表面被缓慢地氧化，生成一层薄薄的氧化膜，这层氧化膜非常致密，它能防止里面的铌被进一步氧化。铌也不怕酸的腐蚀。除氢氟酸外，其他强酸，甚至是王水都不能腐蚀它。曾有人把铌放在热的浓硝酸中，达两个月之久，它也不损丝毫；后来又把它放在强烈的王水中，继续浸了六昼夜，铌仍旧安然无恙！铌有着吸收氧、氢、氮等气体的特殊本领。据试验，1千克铌能吸收104升的氢气！当温度升高时，铌吸收氢气的本领便逐渐下降，在1000℃的高温下，1千克铌只能吸收4升以下的氢气。铌吸收了氢气后便变得很脆。不过，如果当它吸足氢气后，把它放在真空中加热到600℃以上，铌又会把氢气重新释放出来，恢复它原来的面目。

由于铌的性能优异，在工业上便获得重要应用。在冶金工业上，有铌制成的耐高温、高强度的特种合金和钢，常用来焊接机器上的重要部件，因为铌能大大提高焊接口的坚牢度。在电子管制造工业上，人们利用铌吸收气体的特性，用它做电子管中的永久除气剂；由于铌耐热性能好，也常用来做电子管中的热附件。

奇妙的是，在－263.9℃（即 9.22K）的超低温下，铌会变成几乎没有电阻的超导体。人们曾做过这样的实验：把一个冷却至超导状态的金属铌环，通以电流后再截断电流，然后，又将整套仪器封闭起来，保持低温。搁置两年半以后，人们把仪器打开，发现铌环里的电流仍在流动，而且电流强度几乎没有减弱！现在，人们利用超导现象，制成了小巧玲珑的“冷子管”。冷子管的构造并不复杂：它是由两根彼此绝缘并且互相交叉的铌丝与钽丝浸在液体氦里做成的。冷子管非常小，比半导体晶体管还小。现代电子管元件向着微型化方向发展——半导体晶体管代替了真空管，更为玲珑的冷子管又将代替小巧的半导体晶体管。用 5000 个冷子管组成的微型电子计算机，看上去与一架普通的收音机差不多大小。人们还制成了超导体电缆（又叫超低温电缆），由于其电阻几乎为 0，这种超导体电缆输电率非常高。现在，人们经过对超导现象的深入研究，发现不只是铌有超导性能。具有超导性能的元素叫超导元素。人们已发现有 23 种纯金属，如铅、汞、锌、铝、锡等，以及 60 多种合金、化合物在低温时具有超导电性。然而，铌显示超导性能的温度最高，为 9.22K，而铅为 7.26K，锂为 4.71K，钽为 4.48K，锌为 3.72K，铝为 1.14K。K 即绝对温标。绝对零度为 0K。显示超导性的温度越高，越便于在实际中得到应用。研究超导现象，已成了一门崭新的尖端科学——“绝对零度电子学”，也有的叫作“冷子学”。

在原子能工业上，利用铌对热中子的捕获截面值较小的特点，将其用作热中子芯子的合金材料。在快中子堆上，用铌做燃料元件的包壳。

此外，在化学纤维工业上，也可用铌来制造化学纤维的拉丝模。

在地壳中，铌的含量并不少，约为百万分之三，比常见的金、银还要多得多呢。不过铌的冶炼却很困难，因此还把它算作稀有金属。在自然界里，铌总是与钽及钛等“住”在一起，主要的矿物有铌铁矿和钽铁矿。

反应堆的好材料——锆

锆，是德国化学家克拉普鲁特在1789年发现的。锆的希腊文原意，是一种锆矿的名字——“风信子石”。虽然锆的发现并不算晚，但直到1914年，人们才第一次制得了较纯的金属锆。锆很快成了引人注目的金属，它的世界年产量逐年激增。因为锆在原子能工业和宇宙火箭的生产上找到了重要的用途，崭露头角。

纯锆是银灰色的金属，富有延展性。然而，只要稍含一点儿杂质，锆便变得很脆。不过，含有杂质的锆虽然脆，却比纯锆要硬得多，可以用它刻划玻璃，甚至在红宝石表面也可刻出凹痕来。锆难熔，耐高温，熔点高达1930℃。

在常温下，金属锆很稳定，不和水、氧、酸、碱等起化学作用，只有氢氟酸、王水、熔融的碱等才能腐蚀锆。粉末状的锆，加热到200℃会燃烧，与氧化合生成二氧化锆。丝状的锆，很容易用火柴点燃。

原子能工业，是金属锆的最大“主顾”。在原子能反应堆中，是利用铀裂变放出热能，加热水，把水变成蒸汽，利用蒸汽推动涡轮，带动发电机发电。然而，铀棒不能和水直接接触，因为水会侵蚀铀棒，而铀也会使水带有放射性，影响工作人员的安全。这样，就必须把铀棒用套管套起来，与水隔开，而热能又能通过导管，加热管外的水。锆，便是制造这种套管的最好的材料。而且锆又耐腐蚀，机械性能好，易于加工。这样，它便很适宜于做原子能反应堆的结构材料。现在，几乎没有一个原子能反应堆能离开锆。

锆、钍与镁形成一种合金，又轻，又耐高温，很适宜用来制造飞机与宇宙飞船的外壳。在钢中加入千分之一的锆，可以显著提高它的硬度和机械强度，用来制造装甲车、坦克和穿甲弹弹头。在铜线中加入少量锆，铜线的导电能力不会减弱，其耐高温性能却可以大大提高，所以锆是制造高压电线的好材料。利用锆粉燃烧时产生炫目的白炽光，人们用锆粉来制造信号弹。

金属锆有个怪脾气——能大量吸收氧、氮、氢、二氧化碳等气体。现在锆被用作永久除气剂，除去真空管等真空仪器中的残余气体。

锆最重要的化合物是白色的二氧化锆，能耐高温，它的熔点高达2700℃，而且化学性质非常稳定，受热后体积不会显著地增大，因此，二氧化锆是很好的耐高温材料。现在，二氧化锆被用来制造冶金炉里的耐火砖以及耐火坩埚。如果把二氧化锆加到玻璃中，可以提高玻璃的抗碱本领和耐高温性能；加到搪瓷中，可以使搪瓷变成白色。

锆在地壳中的含量并不算太少，约为十万分之三，与铜的含量差不多。不过，麻烦的是，在大自然中锆总是与铪在一起，而锆与铪的性质又很相似，不易分离，这就给锆的冶炼带来不少困难。锆与铪、铌与钽的分离，现在都成了冶金工业上迫切需要解决的课题。一旦找到了一条多快好省的分离和冶炼锆的途径，用不了几年，锆会很快成为一种常用的金属。现在，人们是用锆英石做原料，在电弧炉中进行碳化，然后用氯来氯化，制得四氯化锆，最后用金属镁进行还原，制得金属锆。

“金属火柴”——镧和铈

吸烟的人，总喜欢带个“金属火柴”——打火机。打火机钢轮摩擦火石，产生火花，使汽油蒸气着火。打火机里的火石是什么东西呢？为什么一击它就冒火花呢？原来，这火石就是金属镧和铈的合金。

纯净的镧是银白色的金属，比锡稍硬，可以打成镧箔，拉成镧丝。在826℃高温，镧熔化成液体。

镧的化学性质很活泼，在空气中很易氧化，即使在干燥的空气中，也会被氧化，如果稍加摩擦或敲打，它就会发火燃烧，打火机里的火石便是利用镧的这一特性制成的。

纯净的铈是银灰色的金属，它比镧更柔软，富有可塑性，也可煅成片，拉成丝，在675℃熔化成液体。

铈虽然不及镧那样容易氧化，常温下，它在干燥的空气中，仍能保持原有的光泽。然而，铈的燃点也很低，在空气中加热到160℃，它就会迅速地氧化，自燃起来。铈燃烧时，放出大量的热，据计算，1克铈就能放出1600多卡热量！

在打火机的火石里，含有70％的铈和镧等稀土金属，及30％左右的铁、铬、铜等金属。由于镧和铈的燃点低，发热量大，因此，只要稍加碰击，火石就飞出小火花，点燃灯芯。

镧和铈除用来制造火石外，还有不少重要的用途。尤其是铈，在冶金工业上，如果在铝中加入约千分之二的铈，就可增强铝的导电性，使铝受到撞击时发出响亮、清脆的声音；在钨中加入少量的铈，可使钨所制成的金属丝更易延展；在铸铁中加入铈，可制成球墨铸铁，这种球墨铸铁的强度和韧性与钢相近。

在制造玻璃时，加入千分之一的氧化铈，可以使玻璃的透明度显著提高。这种含铈的玻璃，也可用于防护原子能反应堆的放射线。还有一种含铈和钒的玻璃，在阳光下曝晒会晒成红色，可以用它来测定阳光强度。此外，硫化铈是很好的半导体材料。

镧能吸收气体，可用作电子管的除气剂。

镧、铈和铁等的合金，不仅用来制造火石，还应用于大炮。人们把它装在炮弹上，当发射炮弹以后，由于它与空气摩擦，会发出亮光，这样在夜间便能清楚地看到炮弹的行踪——发射曲线。

镧和铈在地壳中含量很少，但我国却有丰富的镧铈资源——独居石（磷铈镧矿）。现在工业上用电解熔融镧、铈的氯化物来制取镧和铈。

镧是1839年被瑞典化学家莫桑德尔发现的。铈比镧发现早得多，它是1803年被德国化学家克拉普罗特和瑞典化学家柏齐力乌斯、希辛格分别发现的。

在化学元素周期表上，镧与铈、镨、钕、钷、钐、铕、钆、铽、镝、钬、铒、铥、镱、镥等元素排列在一起，它们的性质十分相似，被称为“镧系元素”。这15种元素与钪、钇两元素，又合称为“稀土元素”。这是因为这17种元素的氧化物不溶于水，与泥土相似，在18世纪，人们把这种氧化物称为“土”，而这些元素在地壳中的含量或者很少，或者很分散，或者虽然含量不算太少，但难于提炼，于是在“土”之前加了个“稀”字，成了“稀土元素”。这些元素全是金属，有时称为“稀土金属”。

如今，稀土元素逐渐受到人们的重视，被广泛用于尖端科学技术。例如，高纯度的稀土元素的氧化物被用作激光的激活剂。铕、钆等氧化物用于制造彩色电视的发光荧光体。铕、铒、镨等氧化物用于制造高折射率、低分散性的优质光学玻璃。

中国拥有丰富的稀土矿。为了更好地利用宝贵的稀土矿资源，中国正在努力提高分离稀土元素技术，以便能够出口经过加工、分离的稀土金属，而不是大量出口稀土矿，这样可以大幅度提高经济收益。

很晚被发现的金属——铼

在金属元素（人造的除外）中，铼要算是很晚被发现的一个了。然而，不同于其他元素的是，铼是在化学元素周期律的指导下，有目的、有意识地被发现的。

在 1920 年，由于电气工业的发展，当时迫切地需要一种比钨更耐高温的金属。但是，人们查遍了文献，在已发现的金属中找不出一种适合的金属。这时，人们想到了化学元素周期表。在周期表上，钨的旁边有一个空格——这个元素还没有被发现。根据化学元素周期律可以推知，这个没有被发现的元素的性质会和钨很相似，熔点很高，很可能满足电气工业的需要。

于是，人们开始有意识地去寻找这个元素。虽然还没有发现它，但人们却已掌握了它的基本性质。德国地球化学家诺达克夫妇从 1922 年开始，对铂矿石、铌铁矿、钽铁矿、软锰矿等 1800 多种矿物进行分析，终于在 1925 年从铂矿中发现了这一新元素。为了纪念他们的故乡——德国莱茵市，他们把这新元素命名为铼。

铼，不负众望，果然是电气工业上非常好的材料。铼是灰黑色的金属，外表近似于钢。铼很重，1 立方米的铼重达 21 吨！铼的熔点极高，达 3170℃，仅次于最难熔的金属——钨。在高温真空环境下，钨丝的机械强度和可塑性显著降低。若想改变这种状况，只须在钨中加入少量铼。例如，含铼 5％—20％的钨铼合金，伸长度便比纯钨丝高 11 到 23 倍！铼对水蒸气的稳定性也比钨高，用铼镀在电灯的钨丝上，可使电灯泡的寿命延长 5 倍！

铼不怕高温，不怕火。即使在 2000℃以上，铼也不会熔化，表面还是光闪闪的。显然，铼的这一宝贵性能，是其他金属所少有的。铼被用来制造人造卫星和火箭的外壳是非常合适的。在原子能工业上，铼可用来制造谐振型原子核反应堆的衬套反射保护板。此外，铼也被用来制造测量2000℃的高温热电偶。

铼的化学性质很稳定。不仅是一般的酸、碱，就连具有强腐蚀性的氢氟酸也不能腐蚀铼。在一些金属表面镀一层铼，可以防锈蚀。铼也被用来代替铂，做石油氢化（制造汽油）、醇类脱氢（制造醛、酮）及其他有机合成工业上的催化剂。

铼合金能耐高温，耐磨损，硬度大。铼合金制成的弹簧，在800℃的高温下仍能正常工作，不会失去弹性。铼合金也被用来制造钢笔笔尖以及精密仪器的零件。

铼在地壳中的含量很少，而且又很分散，就连现在世界上已发现的含铼最多的辉钼矿，也只不过含铼十万分之一。铼这种元素之所以很晚被发现，也和它的稀散很有关系。

最重的元素——锇和铱

锇和铱是重要的金属，也是最重的元素。每立方米的锇重达 22.5 吨，它的相对密度是铅的 2 倍，约是铁的 3 倍。

纯净的锇是蓝灰色的金属，熔点是 2700℃。锇粉是蓝黑色的。

金属锇在空气中非常稳定，它不溶于普通的酸，甚至在王水里也不会腐蚀。但粉末状的锇，即使在常温下也会逐渐被氧化，并且生成四氧化锇。在四氧化锇这种化合物中，锇表现出最高的化合价——八价。在元素周期表上，锇属于第Ⅷ族元素。

金属锇在 2700℃时才熔化，然而四氧化锇却在 48℃时就熔化，在 130℃时沸腾。四氧化锇的气体，有股特殊的臭萝卜似的气味，锇的命名，也就是从这臭味得来的——锇的希腊文原意就是“有臭味”。四氧化锇在有机溶剂里的溶解度，要比水中大得多。例如，在 25℃环境下，100 克水只能溶解 7 克四氧化锇，而 100 克四氯化碳却能溶解 350 克四氧化锇。在医学上，制造各种微小的动物组织实验标本时，常用到四氧化锇。

铱是银白色的金属，它的熔点也很高，达 2450℃，与锇一样，铱非常坚硬，而且又很耐磨。

人们非常重视耐磨的合金。保存在法国巴黎的国际米尺标本，就是用含有 90％铂和 10％铱的合金做成的。一些钟表的机轴，也掺入少量铱，增加耐磨性。

铱的化学性质异常稳定，强酸和王水都不能腐蚀它。铱的化合物，常有各种美丽的色彩，因此，铱的希腊文原意便是“彩虹”。

你曾注意过这样一件事吗：在自来水笔金笔尖和铱金笔尖的头上，都有一粒银白色的小东西，而钢笔尖的头上却没有。这颗小圆粒就是铱和锇的合金。金笔尖是由金、银、铜的合金制成的，头上镶着铱锇合金的圆粒；铱金笔尖是用不锈钢做的，头上也镶着铱锇合金的小圆粒；钢笔尖是用不锈钢做的，头上没有铱锇合金的小圆粒。金笔尖和铱金笔尖之所以比钢笔尖耐用，是因为这粒银白色的“尖端”能使笔尖更加耐用。据上海金星笔厂试验，如果把金笔尖和钢笔尖同时放在一块油石上磨，一小时后，金笔尖只磨损 0.07 毫米，而钢笔尖却磨损达 5.1 毫米。

在地壳中，锇与铱的含量都很少，地壳中含锇约一亿分之五，含铱约一百亿分之九。在自然界里，它们以游离状态和铂共生在一起。

吸收气体的能手——钯

如果说，气体能够溶解于液体，这，你是会相信的：化学肥料氨水，可不就是气体——氨溶解在水里制成的；著名的强盐酸，就是气体——氯化氢溶解在水里制成的；空气也部分溶解于水，鱼类就是依靠这溶解在水里的空气（氧气）维持生命的。

然而，气体居然也能大量溶解在固体中。最突出的例子，要算是金属钯了。钯，是吸收气体的能手，尤其是善于吸收氢气。据测定，在常温下，1体积钯可以吸收700—800体积的氢气。这在化学元素中是极为少见的。

钯是银白色的金属，比较软，富于延展性，很重，每立方米钯重达12吨，在1555℃熔化成液态，在4000℃沸腾。

钯是块状的金属，但是，吸收了大量的气体后，会发生很大的形变，明显地胀大，变脆，以至于破裂成碎片。海绵状的钯吸收氢气的能力更强（因为接触面积增大），在常温下，1体积的海绵状的钯可吸收1200体积的氢气。不过，加热到40℃—50℃，钯所吸收的气体大部分会被释放出来；加热到高温，钯所吸收的气体全部会被释放出来。

对X射线研究结果表明，钯吸收氢后，晶格会膨胀。随着氢气溶解量的增加，到一定程度，会转变为另一种晶格。在钯中，氢很少以原子状态存在，而是以离子（H^+）状态存在，因此可以说，含氢的钯实际上是一种合金。

钯这一奇怪的特性，在化学工业上有着重要的应用：人们把钯用作加氢反应的催化剂。在钯的催化下，可使液态的油脂加氢，变成固态；可使不饱和的烯、炔，变成饱和的烷；可使不饱和的醇、醛、酮、酸，变成饱和的有机化合物。吸收了氢的钯，还可以作为还原剂，使二氧化硫变成硫化氢。

在电气工业上，利用钯吸气的特性，用作除气剂，除去真空管中残存的气体。

钯的化学性质比铂、铱、锇等活泼。在硝酸中，钯会被慢慢溶解。加热时，钯与氧化合，变成氧化钯。

二氯化钯遇一氧化碳就会被还原为黑色的钯，通常用来作为检验一氧化碳的药物。

钯在地壳中含量很少，为一千万分之一。钯是英国化学家沃拉斯顿在1803年发现的，同年他还发现了与钯十分相似的元素——铑。

夜光粉里的元素——镭

漆黑的夜，伸手不见五指，然而，夜光表的指针却发出黄绿色的闪闪光芒，告诉人们时间。

夜光表为什么会发光呢？原来，在指针和表盘的数字上，涂有一种发光物质。这发光物质便是掺杂着镭盐的荧光粉。

镭，是银白色的金属，很柔软，在960℃时熔化。金属镭易挥发，在空气中不稳定。

镭最突出的性能是具有很强的放射性。它的放射性比起铀来，还要强好几百万倍！它能透过厚厚的纸包，使照相底片感光。因此，镭的希腊文原意便是“射线”。

在镭射线的照射下，会发生奇妙的变化。

硫化锌、硫化钙等碱土金属硫化物，在镭射线的照射下，能发出绿色的冷光。夜光表上的发光物质，便是利用镭射线的这一特性制成的：人们在含有极少量铜化合物的硫化锌（或硫化钙）粉末里，加入十万分之一左右的镭盐，这些镭盐能不断地射出放射性射线，在这些射线的激发下，硫化锌射出柔和的浅绿色冷光。如果把这些发光粉掺入塑料中，便可制得发光塑料。用发光塑料制成门上的把手，在夜间这种把手会很醒目。用发光塑料制成的电灯开关、电铃按钮、火柴盒、电话机盘、街巷路牌、航标、路标等，在夜间给人们带来不少方便。此外，人们还制成了发光搪瓷、发光玻璃、发光油漆、发光粉笔、发光墨水、发光混凝土与发光布等。

镭放出的射线也很厉害，它能破坏动物体，杀死细胞、细菌。有一次，法国物理学家贝克勒尔出去演讲时，顺手把一管镭盐装在口袋里，结果，当他讲演完了时，感到身上很疼，原来这些镭盐严重地灼伤了他的皮肤。

现在，医学上便用镭射线来治疗癌症。虽然大量的镭射线作用于人体是有害的，但是由于恶性肿瘤比正常的组织更容易被放射线所破坏，因此，用镭射线来治疗癌症，能得到很好的效果。另外，一些如癣、狼疮之类的皮肤病，也可用镭射线来治疗。

在镭射线的照射下，无色的玻璃会变成有色，水、氨、氯化氢均会分解，而氧则变成了臭氧……

一门新兴的科学——“辐射化学”，便是专门研究这些奇妙的现象。

令人惊异的是，镭还能放出大量的能量。镭的放射能的发现，在当时引起社会上极大的震动。一些科学家认为镭是“永恒的能源”，足以推翻能量守恒定律。人们经过多次的科学实验，终于弄清楚镭的本质：原来，镭原子是会分裂的。镭原子裂变后，变成两个更小的原子——氡原子与氦原子。据计算，在720亿个镭原子中，平均每秒钟有一个原子要分裂，向周围以每秒2万公里的速度射出它的“碎片”。镭那不断放出的放射能，便是镭原子裂变时释放出来的能量。因此，镭并不是什么“永恒的能源”。世界上永远不存在什么“永恒的能源”。随着镭原子的不断裂变，镭放出的能量也不断减少。

镭的放射能的发现，不但没有推翻能量守恒定律，反而从新的高度进一步丰富了能量守恒定律：1个镭原子裂变为1个氡原子与1个氦原子释放出来的能量，恰好等于用1个氡原子与1个氦原子合成1个镭原子时所需要的能量。这一事实有力地说明，能量不可能凭空产生，也不可能无端消亡。只有辩证唯物主义观点才能正确地解释自然现象，使人们掌握自然规律。

大自然里，镭主要存在于许多种矿物以及土壤与矿泉水中。近年来人们发现，海底的淤泥比原始的镭产地含有更丰富的镭。然而，镭在自然世界里的存在毕竟是十分稀少的，它仅占地壳中原子总数的一百亿亿分之八！而且制取又非常困难。

镭是在1898年被著名物理学家居里夫人从沥青铀矿中发现的。要知道，在沥青铀矿中，镭的最高含量也不过只有百万分之一！要用800吨水、400吨矿物、100吨液体化学药品、900吨固体化学药品才能提炼出1克镭的化合物！他们当时工作的艰苦可想而知。继镭发现后，1910年，居里夫人还制得了世界上第一块纯净的金属镭。

镭的发现、放射现象的发现、放射能的发现，是19世纪末、20世纪初在自然科学方面的重大成就。在居里夫妇发现镭后的第五年——1903年，鲁迅便在《浙江潮》月刊第八期上，发表了《说钼》[①] 一文。钼，即镭。鲁迅在这篇文章中，十分热情地介绍了当时科学上的新生事物——镭及放射现象的种种知识，指出："自X线之研究，而得钼线；由钼线之研究，而生电子说。由是而关于物质之观念，倏一震动，生大变象。最人涅伏，吐故纳新，败果既落，新葩欲吐，虽曰古篱夫人之伟功，而终当脱冠以谢十九世末之X线发见者林达根氏。"[②] 此处所提到的"古篱夫人"即居里夫人，"林达根"即伦琴，德国物理学家，X射线发现者。鲁迅在这段话中，用"纳新""新葩"这两"新"称颂镭及放射现象的发现。

---

① 《鲁迅全集》，第七卷，第385页，人民文学出版社，1973年。

② 同上，第392页。

原子弹的“主角”——铀

铀，是原子弹的“主角”。德国化学家克拉普鲁特在1789年发现了铀。铀的拉丁文原意是“天王星”，之所以以“天王星”命名，是因为人们在发现天王星后不久发现了铀。铀是白色的金属，很软，具有很好的延展性。纯度为99.9%的铀，可以制成直径为0.35毫米的铀丝与厚度为0.1毫米的铀箔。铀很重，1立方米的铀重达18.7吨，与黄金差不多。铀的熔点高达1133℃。不过铀的化学性质很活泼，放在空气中便会很快因氧化而失去光泽，稍微受热甚至还会燃烧起来！铀还易与硫、氯化合。

铀在大自然中并不算太少，共有几十亿万吨，与铅的储藏量差不多，比金、银的储藏量多几千倍。但是，铀分布得很分散，即铀矿含铀量少，大多数铀矿只含有万分之几到千分之几的铀，最富铀矿，也只含有百分之几的铀。最常见的铀矿是沥青铀矿。此外，还有晶质铀矿、钒钙铀矿、铀云母矿等。铀矿，一般总是黄色或黄绿色的，有显著的荧光现象，较易辨认。铀矿不断放射出放射性射线，也很容易被辐射探矿仪器觉察。人们甚至可以把仪器放在汽车或飞机上，一旦发现哪儿放射性强度很高，那里就可能有铀矿。另外，人们还可以按照“活的路标”——指示植物，去找到铀矿。这是因为铀放射出来的放射性射线，对一些植物的生长有较大的影响。比如，紫云英在放射线照射下，长得格外好。在野外，如果遇到一些紫云英长得茂盛的地方，在那里就可能有铀矿。一些湖水中也含有铀。人们曾测定了一处湖水样品，证明每1立方米这样的湖水，大约含有2—100毫克铀。

铀的冶炼比较复杂。铀矿中含铀很少，首先要用辐射仪进行选矿，去除其中放射性强度很弱的废石，然后，把含铀较多的矿石用5%—10%的硫酸渗浸，使矿石中的铀溶解。这含铀的硫酸液经过一系列化学处理，可制得含铀32%以上金黄色的重铀酸铵晶体。接着，把重铀酸铵加热到800℃，制成八氧化三铀，再转变成二氧化铀。用镁和钠做还原剂，即可制得粗金属铀。

粗铀经过冶炼，可制得纯净的金属铀锭。为了防止氧化，铀锭一般保存在煤油中。过去，金属铀在工业上的用途很有限。铀的化合物，如重铀酸钠，被用来制造荧光铀玻璃。这样，铀从被发现以来，沉默了100多年，直到20世纪，才引起人们的注意——成了原子弹与原子能反应堆的“主角”。

在大自然中，铀有两种常见的同位素——铀235与铀238（$^{235}_{92}U$、$^{238}_{92}U$）。天然铀矿中所含的铀，主要是铀238，而铀235仅约占7%（重量比）。这两种铀的化学性质几乎完全一样，因为它们的原子结构非常相似：铀235的原子核中，含有92个质子，143个中子；铀238的原子核中，含有92个质子，146个中子。

铀238与铀235的脾气可不一样：铀235是原子炸药，用来制造原子弹。当铀235被中子轰击后，会发生链式反应，在一刹那间释放出巨大的原子能，结果造成猛烈的爆炸。在原子弹里，便装着铀235。1千克铀235的爆炸，其威力不小于1.5万—2万吨的烈性“梯恩梯”炸药。

铀235不仅用来制造原子弹，还可以作为原子燃料。人们用铀235制成了原子能反应堆。1克铀235裂变产生的原子能，可以用来代替2吨煤！上海市每年要用几百万吨煤做燃料，如果改用铀235做“燃料”的话，只消几千千克就够了。如果将来能用铀235开动飞机的话，1克铀235可以使飞机以每小时1300千米的速度飞行10千米！

然而，铀238却与铀235不一样，当它受到中子的冲击时，并不会爆炸，而是会“吞食”中子，使自己变成另一种新元素——钚239。在过去，人们曾以为铀238既不能制造原子弹，又不能作为原子燃料。但是，经过仔细研究，人们发现，铀 238 本身固然不能用来制造原子弹或作为原子燃料，但是，它“吞食”一个中子后生成的钚 239 却与铀 235 一样，受到中子的冲击也会发生裂变，并放出巨大的原子能。钚 239 同样可以作为原子能反应堆中的原子燃料。

于是，铀 238 也就一跃成为很重要的原料了——用来制造原子燃料钚 239 的原料。

铀的另一个同位素——铀 233，近年来也被人们用作原子燃料。

1958 年，我国建成了第一座原子能反应堆。1964 年 10 月 16 日，我国成功地爆炸了第一颗原子弹。1967 年 6 月 17 日，我国成功地爆炸了第一颗氢弹。

核燃料的原料——钍

在农村，有的地方如果没有电灯的话，每逢夜间演戏或开群众大会，总在广场上点几盏耀眼的煤气灯。煤气灯虽有“煤气”两字，其实并不是用煤气点的，而是用煤油做燃料。

煤气灯的灯罩十分有趣：刚买来时，它是柔软、洁白、闪耀着蚕丝般光彩的。它是苎麻纱罩做好后，在饱和的硝酸钍溶液里浸过的。就是因为有了硝酸钍，才使灯罩有了奇妙的本领。

硝酸钍是钍的盐类。钍是瑞典化学家柏齐力乌斯在1828年发现的。

钍是银白色的金属，较软，可以进行各种机械加工。钍难熔，熔点高达1800℃。它的相对密度与铅差不多，为11.5。

钍的化学性质较稳定，在常温下，块状的钍不会被空气氧化，在稀酸或强碱浓溶液中也不会被腐蚀，仅在王水或浓盐酸中才会被溶解。在高温下，钍会剧烈地与卤素、氧、硫等化合。粉末状的钍，在空气中可以燃烧。

钍氧化后，生成白色的二氧化钍粉末。二氧化钍是钍最重要的化合物。二氧化钍很能耐高温，熔点高达2800℃，化学性质很稳定。奇妙的是，它在高温下受到激发，会射出白色的光（连续光谱）。人们正是利用它的这一特性，制成煤气灯罩。在高温下，浸过饱和硝酸钍溶液的苎麻灯罩的苎麻纤维马上就烧掉了，硝酸钍分解，放出二氧化氮，剩下的便是二氧化钍。煤气灯之所以那么亮，也是与二氧化钍的发光分不开的。

普通的电灯钨丝里也加有大约百分之一的二氧化钍，这样不仅能提高钨丝的机械强度，防止钨的再结晶，还使灯泡变得更亮。二氧化钍耐高温，因此也被用来制造耐火坩埚。

1898年，物理学家居里夫人发现钍具有放射性。钍受到中子轰击后，会转变成铀 233。这种铀的同位素在大自然中是找不到的。铀 233 可作为核燃料，而钍是制造核燃料的原料！

钍在地壳中的含量约为百万分之六，差不多比铀多 3 倍，但比铀集中，容易提炼。正因为这样，钍引起各国的重视，把它作为一种制造核燃料的新途径。重要的钍矿有独居石与硅酸钍矿。

制取金属钍，一般是电解熔融的钍盐（氟化钍）。这样制得的金属钍，纯度可在 99.9％。